JN233448

新農学シリーズ

植物保護

一谷多喜郎
中筋　房夫
著

朝倉書店

はしがき

　「作物保護」が世に出てから，数多くの読者に支えられて十年余りの歳月が経過した．この間に，この分野の研究は著しく進歩した．しかし，人間活動による環境への負荷は作物生産活動によってのみではなく，一般の社会経済活動によっても顕著に高まり，一国の政治を揺るがすようになった．野生生物種の減少などの諸問題が地球規模で顕在化し，自然の保護と復元への動きも活発になってきた．このような事情のもとに，本書は「作物保護」の形式を継承しながら，保護の対象を作物から植物へと広げ，これに最近の知見を盛り込んで内容の充実をはかったものである．

　農学を主な基盤とする植物保護学は，植物とその生産に悪影響を与える生物・無生物的環境要因の相互作用系を扱う学問分野で，通常，植物病理学，応用昆虫学，雑草学などに分化している．本書はこれらを総合的に取り扱った入門書である．農学およびその関連分野の果たすべき役割は，人類生存のための生物資源の開発と生産，さらに生存環境の創造にあるとする考えが早くから出されているが，植物保護学はこれらのすべてに深くかかわりあっている．その意味で，今後は植物・有害生物・環境のシステムを総合的に取り扱うアプローチが求められるわけである．

　このようなことから，ここでは病害虫や雑草などの実用的防除技術の単なる紹介にとどまることなく，むしろ自然保護，自然復元などの環境科学の視点に立って，「植物の栽培管理」や「栽培環境の保健衛生」の改善から「新しい植物保護」のあり方を展望しようとした．そのため，最近発展が著しい分野であるバイオテクノロジー，有用生物の利用などの成果も取り上げた．このような観点から，植物保護学をまとめたものはほかに類がない．

　本書は，大学農学部，農業大学校，さらには緑化植物を扱う研究所で，病害虫の講義や実験・実習を長年にわたって担当してきた著者らの教材や経験をもとにし，これにほかの植物保護分野の知見を取り入れてまとめ上げたものである．これは大学農学部，生物資源学部，農業大学校をはじめとして，学際的な環境科学系の学部・学科，緑化植物を材料とする各種の研究所などの教科書，参考書に適

しているほか，農業高等学校教員，農業試験場研究員，農業改良普及員，営農指導員などの農業教育者，技術者，あるいは緑地管理技術者にとっても参考書として役立つことを願っている．

　ここでは，総合的記述に重点を置いたため，各論は精選して最小限にとどめた．末尾の付表や巻末にかかげた参考書を同時に活用されたい．とくに，学生諸君のためには「採集，調査ならびに実験・実習」の項を随時挿入した．自ら行動してこれらに関する資料を集め，植物保護が直面している現実の問題についても真剣に考えていただきたい．本文の内容は数多くの研究者のすぐれた業績に基づいて書かれたものであるが，入門書であるために原著論文の引用は特別な場合を除き省略した．また，文章を読みやすくするため英用語は省略し，これを索引に収録することにした．

　本書を脱稿するに当たり，草稿に目を通していただいた一戸文彦，江原昭三，東條元昭，前窪伸雄，松中昭一，皆川　望の諸賢に心から感謝する次第である．また，何人かの方々には未発表の図表の引用を許可していただいた．厚くお礼を申し上げる．

　出版に際しては，朝倉書店編集部の方々の支援を受けた．記して深謝の意を表したい．

　　　2000年早春

　　　　　　　　　　　　　　　　　　　　　　　　　　　　　　著　　　者

目　　次

1.　農業，植物の被害と保護 ……………………………………………… 1
　1.1　農耕のはじまりと耕地の特徴 ………………………………………… 1
　　ａ．農耕のはじまり ……………………………………………………… 1
　　ｂ．耕地の特徴 …………………………………………………………… 2
　1.2　植物被害の発生 ………………………………………………………… 3
　1.3　植物保護の歴史と変遷 ………………………………………………… 4
　　ａ．太古から近代まで …………………………………………………… 5
　　ｂ．わが国における植物防疫事業 ……………………………………… 6
　1.4　植物保護とは何か ………………………………………………………12
　　ａ．農薬の功罪 ……………………………………………………………12
　　ｂ．植物保護への行政的対応 ……………………………………………13
　　ｃ．生態系と植物保護 ……………………………………………………13
　　ｄ．新しい生態系の創造 …………………………………………………14
　研究問題 ………………………………………………………………………15

2.　病原体，害虫と雑草の生物学 ……………………………………………17
　2.1　病原体 ……………………………………………………………………17
　　ａ．歴　　史 ………………………………………………………………17
　　ｂ．病　　気 ………………………………………………………………18
　　ｃ．分類・形態 ……………………………………………………………19
　　ｄ．生　　態 ………………………………………………………………27
　　ｅ．診　　断 ………………………………………………………………31
　　ｆ．病害抵抗性 ……………………………………………………………32
　2.2　昆　　虫 …………………………………………………………………32
　　ａ．分　　類 ………………………………………………………………32
　　ｂ．形　　態 ………………………………………………………………34
　　ｃ．発育と休眠 ……………………………………………………………36

d．生活史と繁殖 ………………………………38
　　　e．行　　動 ……………………………………40
　　　f．集団の生態 …………………………………41
　2.3 雑　　草 ……………………………………………43
　　　a．種　　類 ……………………………………43
　　　b．生理・生態 …………………………………48
　2.4 ダ　　ニ ……………………………………………56
　　　a．分類・形態 …………………………………56
　　　b．発育と休眠 …………………………………57
　　　c．増　　殖 ……………………………………58
　　　d．捕食性ダニ …………………………………58
　2.5 線　　虫 ……………………………………………59
　　　a．分　　類 ……………………………………59
　　　b．形　　態 ……………………………………60
　　　c．発　　育 ……………………………………61
　　　d．個体数の調査 ………………………………62
　研　究　問　題 ………………………………………………62

3. **植物の被害の種類と対策** …………………………………64
　3.1 病　　害 ……………………………………………64
　　　a．水稲の病害—いもち病 ……………………64
　　　b．野菜の病害—アブラナ科野菜根こぶ病 …66
　　　c．果実の病害—ナシ赤星病 …………………67
　　　d．花，花木の病害—バラ根頭がんしゅ病 …69
　　　e．芝の病害—日本シバ葉腐病 ………………70
　　　f．そ の 他 ……………………………………71
　3.2 虫　　害 ……………………………………………73
　　　a．植物害虫 ……………………………………73
　　　b．貯蔵害虫 ……………………………………79
　3.3 雑　草　害 …………………………………………81
　　　a．発生要因 ……………………………………81
　　　b．防　　除 ……………………………………82

    3.4 線虫害 ………………………………………………………………84
        a. 種類と被害 …………………………………………………84
        b. 防　　除 ……………………………………………………86
    3.5 鳥類，哺乳類の被害と自然保護 …………………………………87
        a. 鳥類の被害 …………………………………………………87
        b. 哺乳類の被害 ………………………………………………91
        c. 野生動物の保全と被害防止 ………………………………93
    3.6 気象災害 ……………………………………………………………94
        a. 風　　害 ……………………………………………………96
        b. 水　　害 ……………………………………………………97
        c. 冷　　害 ……………………………………………………98
        d. そ の 他 ……………………………………………………99
    3.7 環境汚染 ……………………………………………………………99
        a. 種類と被害 …………………………………………………99
        b. 対　　策 ……………………………………………………104
    研究問題 …………………………………………………………………105

4. **新しい植物保護技術** ……………………………………………………106
    4.1 耐病虫性品種 ………………………………………………………106
        a. 耐病性品種 …………………………………………………106
        b. 耐虫性品種 …………………………………………………107
    4.2 物理的防除 …………………………………………………………109
        a. 病害防除 ……………………………………………………109
        b. 忌避法による害虫防除 ……………………………………110
    4.3 生物的防除 …………………………………………………………111
        a. 弱毒ウイルスの利用 ………………………………………111
        b. 拮抗微生物の利用 …………………………………………111
        c. その他の微生物の利用 ……………………………………112
        d. 捕食性・捕食寄生性天敵 …………………………………112
        e. 微生物天敵 …………………………………………………116
        f. 雑草の生物防除 ……………………………………………116
    4.4 不妊虫放飼と遺伝的防除 …………………………………………117

4.5　化学的防除……………………………………………………119
　　　a．農　　　薬…………………………………………………119
　　　b．フェロモン……………………………………………………125
　4.6　バイオテクノロジー………………………………………………128
　　　a．細胞・組織の培養……………………………………………128
　　　b．細 胞 融 合……………………………………………………129
　　　c．遺伝子組換え…………………………………………………130
　　　d．植物保護への利用の可能性…………………………………130
　研 究 問 題……………………………………………………………132

5. 病害虫と雑草のシステム管理……………………………………133
　5.1　システム管理とは何か……………………………………………133
　　　a．総合的有害生物管理…………………………………………133
　　　b．複数の防除法の合理的統合…………………………………134
　　　c．経済的被害許容水準と要防除密度…………………………135
　　　d．有害生物個体群のシステム管理……………………………137
　　　e．発生予察と発生監視…………………………………………138
　　　f．植 物 検 疫……………………………………………………138
　5.2　病　　　気…………………………………………………………140
　　　a．イネいもち病…………………………………………………140
　　　b．野菜の土壌病…………………………………………………141
　　　c．果 樹 病 害……………………………………………………143
　5.3　害　　　虫…………………………………………………………144
　5.4　雑　　　草…………………………………………………………147
　　　a．総合的管理の必要性…………………………………………147
　　　b．総合的管理の試み……………………………………………148
　5.5　病害虫・雑草の総合的管理………………………………………150
　研 究 問 題……………………………………………………………153

付表　主要植物の病害虫と主要雑草の被害・対策一覧 ………………154
参 考 図 書 ………………………………………………………………160
索　　　引 ………………………………………………………………164

1. 農業，植物の被害と保護

1.1 農耕のはじまりと耕地の特徴

a．農耕のはじまり

地球上に現れた人類は，最初は食糧を山野・川・海の自然資源に求め（狩猟，漁労などの自然採取），人口は限られたものであった．動物を飼いならし（牧畜），植物を栽培する（農耕）ようになると，人口は飛躍的に増大した．

原始的な家畜の飼育や作物の栽培は，森林の中で始まったとされる．森林は焼き払われ，そのあとにできた灰は栽培植物の育成に有効であった（焼畑農耕）．しかし，このような原始的な耕作では，雑草の発生と土の中の養分の減少によって耕地は放棄され，新しい所に耕地を開かざるをえなかった．

世界の人口はさらに増え，人々は河川の近くなどに肥沃な土地を求めて定着し，そこで繁栄した（古代文明の形成）．しかし，当時の農業の農具は小さく（図1.1），耕す面積も狭く，自然の有機物を集めて肥料として利用するにすぎなかった．近代文明の発達とともに，大型の機械による大面積の農地が開かれ，化学肥料も使われるようになって生産量は著しく増大した．

1) 日本の稲作のはじまり　1970年代末に福岡市の板付遺跡で縄文時代の水田跡が見つかった．その後，水田跡について新しい発見が相次ぎ，最近では稲作の始まりは古く，縄文時代中期（約4500年前）あるいはそれ以前にまでさか

図1.1　古代エジプトの農業（テーベ1号墓の農耕図より）
　　　　小さな犁（すき）を使って耕作している．

のぼれるといわれている*.

* 土器に含まれるイネの機動細胞珪酸体（プラント・オパール）に関する最近の研究から，このようなことが明らかになった．

2) 日本の稲作の普及・発展　弥生時代後期の登呂の水田遺構には，松の矢板がびっしりと重粘土中に打ち込まれた水路があり，畝作りに要する労働力は1集落の規模を超えるものであったと考えられている（図1.2）．

古墳時代の野尻湖周辺では，すでに72％の森林が破壊されていたようで，ソバ，アカザ，ヒユ科などの花粉が出土している．また，この時代（4～6世紀）には治水・灌漑工事が行われており，稲作は安定したものになっていた．

図 1.2　弥生後期の登呂の水田遺構
　　　　刈入れ，脱粒，乾燥，貯蔵の想像図．

その後，律令制，荘園制，封建制，戦前の地主制度，戦後の農地改革による自作農の出現を経て，現在の食糧生産と環境保全の調和をはかる産業へと変わりつつある．

b. 耕地の特徴

1) 断ち切られた物質循環　自然生態系では，植生の遷移に伴って土は肥え，極相へと進む．しかし，耕地では作物の茎・葉・根あるいは種実が収穫物として耕地生態系外へ持ち去られる．このため生産力は年々低下していく．この低下を補うには，堆・きゅう肥を施すのが最もよい．しかし，近代農業では必須栄養素のみを含む化学肥料を施用することが多い．このように近代農業が営まれている耕地では，自然の物質循環が事実上断ち切られている（図1.3）．

2) 不安定な生態系　自然植生は多種多様の植物で構成され，そこに生息する大小の動物の種類もきわめて多く，安定した生態系をつくっている．しかし，水田，畑，園芸施設，ゴルフ場などでは，そこに栽培されている植物は通常種数が限られており，生息する昆虫や土壌中の小動物や微生物の種類数も少ない．このような単純化された生態系では，栽培されている植物を餌とする害虫や病原菌だけが異常発生をする．このように，耕地はきわめて不安定な生態系であるといえる．

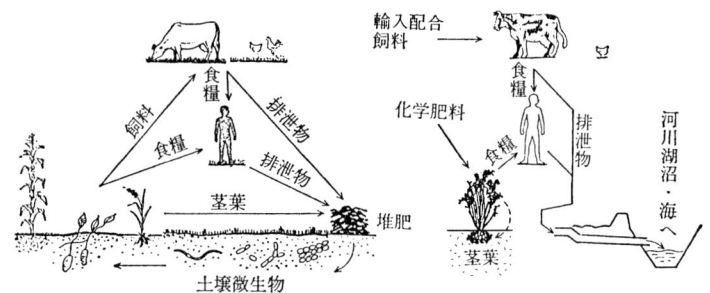

図 1.3　過去と近代の農業生態系の違い（山根一郎ら，1983 より作成）

1.2　植物被害の発生

　農耕は特定の作物を純群落の形で栽培するため，長年月をかけて平衡に達している自然の植物群落のもつ機能と構造を破壊し，以下に述べるような問題を生じる．

　1）　土壌侵食　　耕起しない焼畑では，土壌侵食はほとんどみられない．しかし，すきやくわを使って耕すようになると，作物が十分に育つまでの間，地面が裸出する．このとき強い雨が降れば，特に傾斜地では土が流される（水食）．乾燥していて風が吹くと，平坦部でも土が飛ばされる（風食）．このような水食や風食により肥沃な表土は失われ，耕地は重大な損失を受けることになる．

　2）　塩類集積　　乾燥地で耕作や過度の放牧を行うと，土からの水の蒸発が盛んになり，土中の塩類が地表面に集まってきて砂漠化を起こすことになる*．幸い降雨量が多いわが国では，近代的な施設園芸以外にはこのような現象はみられない．

　　*　硫酸ナトリウムや塩化ナトリウムが地表面に集まると，耐塩性植物でさえ枯死する．

　3）　物質循環の阻害　　すでに耕地の特徴（前ページ参照）の中で述べたように，田や畑では植物に吸収された無機塩類（窒素，リン酸，カリなど）が収穫物とともに土壌から持ち去られる．もし，補給が適正に行われないと，土は劣悪になる．また，肥料として過量に塩類を与えると，雨水とともに河川や湖沼，海洋に流出し，水質の富栄養化を招き，水質汚濁の原因となる．

　4）　病害虫や雑草の発生　　栄養繁殖をする根茎などを露地に植付けるとき，根茎が病原菌で汚染していたとしても，それほど大きな被害を出すことはない．

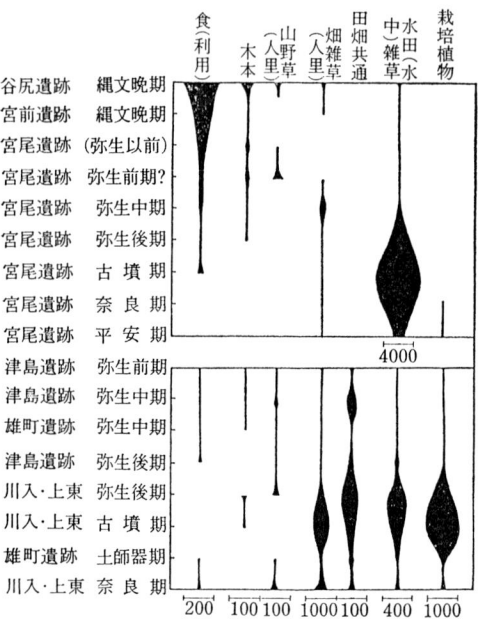

図 1.4 縄文晩期から平安時代までの雑草の
グループ別変遷(粒数)(笠原, 1976)

しかし,これをあらかじめ土壌消毒をしたハウス内に植付けると,病原菌は異常繁殖して病気を発生させ,大きな被害を出す.また,東北地方の水田の周囲にいるイネハモグリバエ *Agromyza oryzae* は,マコモについているときには大発生を起こさない.しかし,水田にイネが植えられると,これに移って大発生し,被害を与えるようになる.

わが国各地の遺跡から出土した植物遺体・雑草種子の調査から,栽培植物の種類に比例して今日,雑草と考えられる植物が多く出てきている(図1.4).雑草と栽培植物の密接な関係から,雑草が農耕地に入り込んできた様相をうかがい知ることができる.

1.3 植物保護の歴史と変遷

植物保護の歴史は,主として作物保護の歴史として発展してきた.以下,それらの変遷について述べる.

a. 太古から近代まで

病害虫や雑草の大発生は，古くから飢饉をもたらし人類を苦しめてきた．「旧約聖書」や中国の「古文書」にはバッタ（飛蝗）の被害が，またローマ時代の「農耕詩」には雑草害の記述がみられる．これらは自然災害として受けとめられ，人は被害の回避を神に祈るだけであった．一方，中国の周王朝（紀元前13世紀ごろ）が地方行政官にバッタの捕殺や焼殺を命じるという積極的な対応もみられた．より驚くべきことに，中国では紀元前6世紀ごろ，病気にかかったカイコを水にとき，畑に散布して害虫防除をしたり，紀元前4世紀ごろにはアリを使った果樹害虫防除を行ったりしていた．シリアでも，紀元20年ごろバッタの防除に渡り鳥であるムクドリの導入を企てている．

6〜7世紀ごろのわが国では，「洪水・旱ばつ・飢饉による五穀実らず」は螟蝗（螟はニカメイガ，サンカメイガをさす．蝗は本来イナゴやバッタ類をさすが，ウンカ類も含まれていたと思われる）の害と信じられていた．18世紀には虫送りの行事が除蝗のため慣行的に行われた（図1.5）．大発生をしたウンカ類には，鯨油*による駆除が試みられた．このような螟蝗害には病害も含まれていたと思われる**が，病害が虫害と区別して注目されることはなかった***．また，被害の原因と被害を助長する環境の区別もせず，むしろ環境によって被害が起こるとされていた．たとえば，「連年風水害あり，蝗鼠害あり，6-7歩作」という古い記録があるが，この場合，風水害と関係してイネ白葉枯病や黄化萎縮病による害があったはずであるのに，これらの病気による被害についての記述は全く見当たらない．

図1.5 螟蝗の祠「司蝗神」（佐賀市）

---

* 江戸時代の3大飢饉の一つに享保17（1732）年の飢饉がある．トビイロウンカによる大被害のため，西日本だけで餓死者が17万人とも97万人ともいわれた．東の空が白みかけるころ，竹筒に入れた鯨油（後には石油）を水田に落としておいて，稲株を足でけったり，ほうきでウンカを払い落として水死させる方法が，農薬が登場するまでの過去200年間，最も有効な防除法として用いられてきた．

** 「虫は蒸ナリ，湿熱の気蒸シテ生ズ」：病害が虫害のうちに含まれていたことは，蒸（ムシ）すなわち虫という語は大気が高温多湿なために自然に発生したという意味であることからも推察できる．

*** 1568（永禄11）年，顕微鏡が輸入された．これによりかびの観察は行われたが，かびが病気を

起こすとは考えもしなかった．

b. わが国における植物防疫事業

1) 戦前 明治時代には，他の分野と同じように植物保護の分野でも，欧米から導入されたものをよく咀嚼することから始まった．

行政面では，田圃虫害予防規則 (1885)，害虫駆除予防法 (1896)，病害虫駆除予防奨励規則 (1911)，輸出入植物取締法 (1914) など規則から法律へと整備されていった．また，大学農学部・国の農事試験場・道府県農業試験場などの試験研究機関がつぎつぎ設置された．さらに苗木検疫の規則による補助奨励，各種の試験などに補助がなされ，国家予算による事業が推進されていった．

しかし，明治のわが国の農学はすでに発達していたイギリスの雑草学をとり入れようとはしなかった．半澤 洵の名著『雑草学』(図1.6) があったにもかかわらず，その後研究者が続かなかった．このように，雑草研究がきわめて貧弱で，その進展が遅れたのは，わが国に伝統的な勤労農本主義が存在したからともいわれている*．

図1.6 半澤 洵著『雑草学』のタイトルページ
明治43 (1910) 年刊

* 明治から大正初期にかけて農村を巡視した知事の中には，"ヒエ抜き知事"と呼ばれた人がいたし，また村に駐在する巡査が水田の除草がずさんであるのをみると，その農家の細君を呼んでやり直しをさせたという（東畑，1972）．

とはいうものの，病害虫に対する一般の認識は深まっていった．1937～1938年ごろから戦時体制に入り，食糧増産に力が注がれた．1940年のいもち病とウンカの大発生を契機に，1941年には病害虫発生予察の制度が全額国庫補助事業として始まった．この事業は画期的なもので，各道府県の農業試験場に事業の中核となる専任職員をおき，県当たり平均10か所の観察所 (図1.7) を設置した．観察所の調査者（観察員）は市町村や団体の職員・教員・篤農家などから選定委嘱された．しかし，戦中

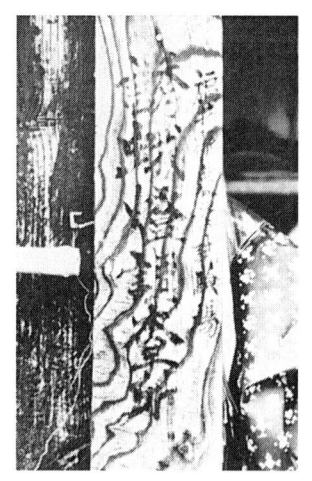

図1.7 福井県農業試験場
奥越地区観察所
―誘蛾燈調査所
（大野市）

には肥料などの供給がなく，そのためか病害虫の大きな発生をみなかった．

2) 戦後から1960年へ　戦後は食糧生産が低下したうえ，海外からの引揚げなどで人口が増加し，食糧確保のため病害虫防除の重要性が一段と高まった．1947年から農業試験場の発生予察の担当職員が増員され，観察員として全国に専任職員がおかれた．府県によっては，専任職員の補助者（情報員）をおく所もあった．1949年には補助者は技師になり，担当者の質の向上が図られた．

戦後使用されはじめた有機合成農薬の量は急速に増大し，これに対応して農薬検査所が設置された（1947）．その後，農林省の試験場が充実（1948～1950），農薬取締法の制定（1948），輸出入植物検疫法の改正（1948），植物防疫法の制定（1950）へと進んだ．

1948年，米国製2,4-D剤の大規模な水田除草試験が行われ，国産2,4-D剤にも有効性が認められた．1950～1951年に2,4-D剤とMCP剤が普及に移され，初年度の使用量の5.7 ha，28 tから数年後は100万ha，600 tにも増大した．この間に2,4-DおよびMCP剤は粉末から液状へ，さらに粒状に変わっていった．このような除草剤の普及によって雑草の手取りを省いた水田では，2,4-Dに抵抗性のノビエが大発生した．そこでPCP剤が登場し一時は80万haにも使われたが，魚貝毒が問題化して使われなくなった．これが契機となりノビエや多年草に有効な除草剤がつぎつぎに登場し，全水田で使われるようになった．これらの除草剤の普及が水稲の直播栽培，田植機による早期移植を可能にした．

植物防疫法の改正（1951）により観察所は廃止され，全国540か所の病害虫防除所の観察員540名に業務が移った．また，病害虫防除員が市町村段階に新たに15,000名おかれ，防除指導・発生予察の業務に従事するようになった．

1954年，いもち病とニカメイガに対する防除適期決定圃が各2,160か所に設けられ，第6次の発生予察事業実施要綱の改正（1958）が行われ，観察員は地区予察員と改称された．このように，戦後から1958年ごろまでは，重点が米麦対策（1948年の食糧1割増産運動など）におかれ，植物防疫法によって莫大な農薬購入費および防除機械購入費の補助金*が支出され，水稲の収量も1955年を境に一段階上昇した（図1.8）．

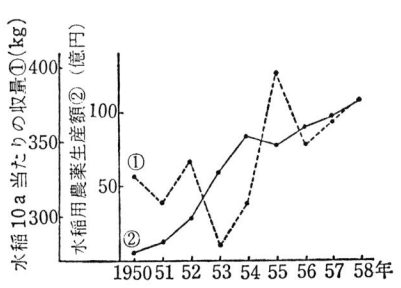

図1.8　水稲10a当たりの収量と水稲用農薬生産額の推移（森田，1982）

* 農薬購入に対する補助金は，1948～1954年度の7年間にイネ・ムギに対して当時の金額で約50億円，1953年には単年度で24億円にものぼった．

3) 1960年から1970年へ この10年間には重点が畑作に移された．土壌線虫・土壌病害・果樹などの対策が急速にとられ，畑地雑草が問題になってきた．畑では作物や雑草の種類が多く，その環境や栽培法も多様で，除草剤の使用は長い間困難であった．しかし，1955年ごろから土壌処理剤がムギ・マメ・イモなどの普通作の畑，野菜園，花木園，果樹園，桑畑で使われはじめた．草地，飼料畑，芝生でも使われ，除草労力の節減に大きく役立った．

1960年から果樹病害虫発生予察実験事業が開始され，1965年から本事業化された．同じようにして，1968年から野鼠，1969年からは野菜の予察実験事業が実施された．1968年までは，普通作物と果樹などの病害虫発生予察事業の組織整備は別々に行われてきたが，組織整備が遅れていた果樹などでは，普通作物の組織を共用するという方法がとられた．1969年からは財政硬直化是正のため補助職員の一部削減が行われはじめた．また普通作物，園芸作物の別なく，都道府県の実情に応じて労力が配分できるように予察員の再配分が行われた．

4) 1970年から1980年へ 1960年代後半から1970年代前半にかけ米の生産は安定し，1970年に始まった米の生産調整と農産物価格の停滞により，農業所得は伸びなやんだ．急速な経済成長に伴って農林産物の輸入量も増え，兼業農家が増加した．農業労働力の他産業への流出が増え，一方で農業の近代化（省力化・機械化など）が叫ばれ，ヘリコプターや高能率防除機などの実用化が進んだ．畑作の病害虫の主要な問題も一応解決し，農薬については安全対策をとる段階に入った．さらに，米の過剰に伴い果樹・野菜などの生産を拡大・整備していくことになった．予察事業関係の予算は年々増えてはいたが，人件費・事業費については全額国庫補助から1/2補助に移行していった．

1955～1965年代の急速な経済成長の結果，公害問題が発生してきた．厚生省は「食品衛生法」により農薬の食品残留許容量を告示した．これに対して農林省は農薬の安全使用基準を定め，安全かつ適正な使用の指導を行った．前述（p. 7）の除草剤PCP剤は，より優れた塩素酸塩剤などに代わった．しかし，林地の雑木や雑草に有効であった塩素酸塩剤や2,4,5-T剤*は，広い森林に大量散布をした場合，生態系を攪乱することが明らかになった．

* 2,4,5-T剤はベトナムで枯葉作戦に用いられ，その催奇性が示された．この原因は，生産過程で混入するダイオキシン化合物のためとされている．医薬品とは異なり，大量生産され安価が要求される除草剤では，おのずからその不純物の除去・精製がむずかしい．しかし，環境汚染の観点から

開発に当たり細心の注意が払われるべきである.

農林水産航空事業は拡大されつつあったが,これに伴い危被害の発生も増えた.これは,農家や一般住民に対する安全対策の周知指導や相互の連携が不十分であったために生ずる場合が多く,農林水産航空安全対策推進事業が実施された(1977).

国際化時代の進展に伴い,海外から病害虫の侵入する可能性が高まり,この侵入阻止方策とともに,国内検疫＊および国内防除の充実・強化を図ることが重要になってきた.また,輸入植物の検疫処理に広く使われている燻蒸ガスによる大気汚染を防ぐため,検疫燻蒸ガス除去装置の開発が進められた (1977).

　　＊ 種ジャガイモのウイルスとシストセンチュウ,果樹苗木のウイルス病を対象にしたもの (1975).

また,山林の開発や鳥獣保護地区の拡大などにより,鳥獣類による農作物の被害が増大した(鳥類：72億円余/年,獣類（ネズミも含む）：81億円余/年,農林省植物防疫課,1974〜1975.p.87).鳥獣類の生態・習性を調査し,鳥獣類保護と調和した被害防止技術を確立するための専門委員会が設置された (1978).

同一農薬を連用して耐性菌が出現した（イネいもち病：カスガマイシン剤,ブラストイジンS剤；ナシ黒斑病：チオファネートメチル剤など.p.123).この耐性菌による防除効果の低下は,殺菌剤の散布回数や使用濃度の増加・薬害・環境汚染などの問題をひき起こす恐れを生じた.そこで1978年,農薬耐性菌検定事業を発足させ対策を講じることになった.耐性菌,抵抗性害虫,連作による病害虫の発生密度の高まり,放任された果樹園が病害虫の伝染源になるなどから,難防除病害虫対策が必要になり,新農薬＊を開発する施策がとられた (1978年から).

　　＊ 1984年には,カンキツトリステザウイルス病を対象に弱毒ウイルスの利用とハスモンヨトウに対する核多核体ウイルスを取り上げ,実用規模の利用条件が明らかにされた.また同年,新農薬として優れた特徴をもつ生物起源の生理活性物質などを開発するため,バイオテクノロジーの利用が有望視され,推進されることになった (p.128).

農業生産のコスト低減を図り生産性を向上させるため,より適切な病害虫防除が求められ,防除要否の予測を基本にした総合防除技術の導入 (p.133) および農薬の新製剤化技術確立のための研究や事業が推進された (1971年以降).

5) **1980年から1990年へ**　1983年の農林水産省設置法の改正により,国立の農業関係研究機関の再編整備が行われた.また,行政改革の推進により,ほとんどの県で病害虫防除所の1県1所の統合整備が行われた.

二十世紀ナシの輸出にともなって農産物の輸出機運が高まり,90年代に入っ

て「輸出果実検疫条件クリアー実証事業」が始まった．また輸入禁止植物の解禁要請も年々多くなり，検疫手続きの簡素化・迅速化の要請が相次いだ．これらの問題には，政治・経済的色彩も強かったが，わが国としては主として純技術的立場から問題解決に当たることにした．

農薬危被害防止等対策事業として「農薬管理指導士制度」が発足し，また，GLP (Good Laboratory Practice) 制度の実施体制の強化のために「農薬審査官」が増員された．ゴルフ場，公園，河川敷などの農薬やポストハーベスト用農薬を中心に農薬の安全性に対する消費者の認識が高まって有機栽培運動となり，防除内容を農産物に表示することを求め始めた（病害虫広域型防除推進特別対策事業，農薬適正使用緊急対策事業）．また，無人ヘリコプターによる実用的農薬散布には安全性を最重要視し，さらに検討が進められた．1987年に農政審議会から「21世紀に向けての農政の基本方向」について答申があり，これを受けて「水田農業確立対策」が実施され，植物防疫は品質や安全性の向上の面で一役を担った．

6) 最近の情勢　発生予察事業は順次花卉などに拡充されていった (1991)．病害虫発生予察事業開始から50年あまり経過し，これまでに少農薬，的確かつ効率的防除の推進，新農薬，剤型および多様な防除技術の開発，現場における農薬の安全使用面で幾多の成果をあげてきた．また，植物防疫法は制定後40余年になり，農薬登録，その取締りや指導などの面で貢献してきた．また，1993年は「水質元年」と位置づけられて環境面，安全面で大きな前進をとげてきた．

輸出前のウンシュウミカン，二十世紀ナシの検疫を日本で完了するプリクリアランス方式を導入するため，その技術を確立することになった．1992年以来，残留農薬の基準が大幅に見直され，基準の改訂，追加設定について徹底的な指導がなされた．また，環境生物（ホタル，トンボ）の保全に対する社会の関心が高まり，これに対する検査手法の確立が急がれた．水稲の航空防除は実用化が可能とされ，防除業者の届け出，農薬取締法上の取扱いなどについて検討が行われた．航空防除の円滑な実施に向けて大気中の農薬が測定され，安全性が実証された．農薬水質影響・総合対策事業によって，水田，ゴルフ場などの周辺の水質に与える影響を調査し，地域の実情に即した水質を維持するために農薬の適正使用の指導がなされた．

環境に配慮した植物防疫を推進するため，総合的有害生物管理（IPM）技術の確立，高精度・効率的な発生予察のための調査技術，コンピュータ・シミュレ

ーション・ソフトウェアを用いた省力的方法の導入，物理的，耕種的防除などの補完技術の再評価，臭化メチルによる大気汚染防止技術の確立とその代替剤の研究などが望まれた．

　中山間地域の農業対策を進めるため，一層顕在化してきた野生の鳥獣害に対してそれらの行動パターンや棲息密度の変化を調べ，鳥獣の生態と農業対策のバランスを考えながら被害を防止し得るシステムを確立することになった．

　新しく実施される「農薬安全使用総合推進事業」では，使用者の安全確保，農作物の残留農薬対策，地域の実情に応じたきめ細かい使用指導，残農薬と空容器処分システムの確立などを総合的に推進することになっている．

　最近問題になってきた内分泌攪乱化学物質（いわゆる環境ホルモン）の作用機構については，現在のところ不明な部分が多い．登録に当たっては，2世代にわたる繁殖試験，催奇形性試験を行って安全性を確認しているが，今後，環境ホルモンの作用を起こす可能性があるか否かを高精度かつ迅速に判別する技術を確立する必要があろう．

　これまでの農業基本法は，1961年当時の社会経済の動向や見通しを踏まえ，わが国農業の未来の道筋を明らかにするものとして制定された．しかし，わが国社会経済の急速な成長・成熟，著しい国際化の流れ等により大きな変化をとげる中で，食料，農業，農村をめぐる事情は一変した．農業基本法はそれなりの成果を上げたが，一方では国民が不安にかられる事態が生じてきている．たとえば，食生活の高度化，多様化が進む中で主食である米の消費が減退し，畜産物，油脂のように大量の輸入農産物に頼る食料の消費が増加すること等により，食料自給率は低下の一途をたどった．このような食料需要の高度化等に対応した国内の供給体制はまだ整っていない．また，農業者の高齢化と農業就業人口の減少が進んでおり，農地面積は減少し耕作放棄地が増加している．農地の有効利用体制も十分ではない．さらに，農業生産の場であり，生活の場でもある農村の多くが高齢化と人口の減少により活力を低下させ，地域社会の維持さえ困難になってきた．

　一方，農業，農村に対する国民の期待は高まっている．健康な生活の基礎となる良質な食料を合理的な価格で安定的に供給すること，国土や環境の保全，文化の継承等多面的機能を十分発揮すること等，暮らしといのちの安全と安心の礎として大きな役割を果す農業，農村に大きな価値を見いだす動きが近年着実に増大している．

　こうした農業，農村に対する期待に応え，農政全体の総合的な見直しを行うと

ともに，全国各地で見られる新しい芽生えに未来をくみ取り，早急に食料，農業，農村政策に関する基本理念を明らかにし，政策の再構築を行う必要があった．このために，21世紀を展望した新しい政策体系を確立し，国民は安全と安心を，農業者は自信と誇りをもつことができ，生産者と消費者，都市と農村の共生を可能にする「食料・農業・農村基本法」が制定されることになった（1999年）．

以上に述べてきたように，農薬が植物保護に，植物保護学が農業，国民生活に果たす役割はきわめて大きい．今後，農薬以外の新植物保護技術とそれに対応した新植物保護体制の導入が積極的に進められていくことになろう．

1.4 植物保護とは何か

わが国は南北に長く，したがって病害虫・雑草の種類が多く，気象災害も受けやすい．そのうえ植物，栽培様式が複雑に入り込み，病害虫の発生様相も変化に富んでいる．植物保護は，このような災害が起こる原因をよく認識したうえで，それに応じた近代的科学技術で対処し，それによって生産を安定・向上させて国民の食料を確保し，経済を豊かにし，快適生活を保証していく役割を担っている．

a．農薬の功罪

現行の品種，栽培法でまったく防疫を行わなかった場合，病害虫による減収率はほとんどの作物で30％以上，キュウリやリンゴでは80％以上に達するという．農薬の使用によって水稲の早植えやビニール育苗が可能になり，夏の好適な気候を利用して収量が高められた．また，多肥栽培をしても，病害虫の大発生がなく雑草のはびこることもないのは，農薬のおかげである．

一方，農薬は人畜や野生生物などに対する毒性により大きな社会問題にもなった．また農薬の使用により作物害虫相は少数の増殖力が大きい種に変化してきた（p.125）．さらにトビイロウンカやセジロウンカのように，梅雨前線にのって海外から侵入してくるものもある．これらの害虫は，農薬の散布によって天敵が少なくなり，生活しやすくなった水田で爆発的に増殖し，最近では農薬に対する抵抗性をつぎつぎに発達させつつある．雑草についても，除草剤に弱い一年生雑草が減少し，多年生雑草が水田で生態的地位を獲得しつつある．

このような農薬の落し子ともいえる病原体，害虫，雑草の新たな生理・生態的研究が必要になるであろう．

b. 植物保護への行政的対応

植物に被害を与える病害虫，雑草，環境汚染物質などは，人間活動により顕在化してきたものであるから，国や地方の各段階における行政的対応が必要になる．

農薬や鉱工業廃棄物による自然環境汚染防止のため公害対策基本法がつくられ（1967），これに基づいて大気汚染防止，水質汚濁防止，農用地の土壌汚染防止などに関する法律が制定された．これらの植物保護に関する行政は，病害虫・雑草・害鳥獣についてはおもに農林水産省が，気象に対しては気象庁が，環境汚染物質にはおもに環境庁（環境省）と厚生省（厚生労働省）が，また食品汚染には厚生省（厚生労働省）と農林水産省がそれぞれ担当し，適切な対応を行っている．

c. 生態系と植物保護

自然の生態系は，生物種群からなる系（システム）とそれをとりまく非生物的（物理的）環境要因のシステムを複合したものである．ここで重要なことは，両系に働く法則が必ずしも同じではないことである．生物系の第一の特徴は，繁殖と生長によりエネルギーを創造することである．基本的エネルギーの創造は光合成を行う植物によってなされている．動物や微生物は植物がつくり出したエネルギーを消費して生存する．ここには食物連鎖が動かしがたい状態で存在する．これは食物をめぐる生物システムの縦の関係である．また，同じ食物をめぐる横の関係も存在する．生物個体，種間をめぐる競争である．生物系の第二の大きな特徴は，この縦と横の関係が歴史的に変化（進化）しうるということである．現在みられる自然の生態系は，長時間かけて進化してきた生物種が，相互に主張と妥協を重ねて到達した暫定的な安定状態であるといえる．そこでは，生態系を構成している各種の間でもっとも効果的なエネルギーの配分がなされ，閉じた循環システムが完結している．

さて，農生態系のような人工的な生態系はどのようになっているのであろうか．ここでは，光合成による植物生産を最大にし，それを消費する食物連鎖をできるだけ排除しようとする試み（植物保護）がなされている．系から取り出（収穫）されたエネルギー生産に必要な資源（窒素，リン酸，カリ，微量要素など）は，循環によって戻されないため，人為的な施肥により補充しなければならない．収穫後に残された作物の残渣も，分解が遅れて循環しにくくなっている．これは，寄生菌（病原菌）を防除する時に腐生菌までも減少させてしまっているこ

とによる．このように，食物連鎖（生態系の縦の関係）は大幅に修正され，開かれた循環システムになっている．一方，種間の競争関係（横の関係）も大きく乱されている．作物だけが一方的に定まった方向に育種により進化させられているからである．

このように，農生態系のような人工的な生態系は生態系本来の姿からは大幅に歪められたものになっている．しかしながら，それでもなお生態学的システムであることに違いはなく，生物系本来の法則が部分的にせよ働いている．したがって，植物保護技術の将来は，食物連鎖（生物的防除），競争（拮抗微生物，弱毒ウイルス，雑草防除），進化（抵抗性品種，バイオテクノロジー）など生態系の法則に沿った発展が望まれる．また，生物系は不時の環境変動に対し，ある程度のゆとりをもった反応を常に示すものである．生産者である植物は常に多目に茎葉を生産し，消費者である生物も多目に子孫を残す．このようにして，生物は不確定な自然死亡に対応しているのである．この生態系のゆとりの部分の制御が，5章で述べる総合的な病害虫・雑草管理の目標となる．

d．新しい生態系の創造

近代農業は，高度の機械化，重装備の施設化，種子生産の大企業化などを伴いながら，広大な農業生産地域が形成され，国際的に農工分業化が進められている．このなかで，わが国は工業中心の発展を志向しているが，これには次の2点についての批判がある．その第一は，主要な食糧を自国で生産していなければ，世界的な食糧事情が急変したとき，国内で異常な混乱を招くという食糧安全保障上の観点である．ヨーロッパの主要な先進国や米国は，工業国であると同時に農業国でもあることをみれば，このことは明らかであろう．第二は，水田や牧野は，人に快適な生活環境を保障するという観点からの批判である．水田は緑の草原としてわれわれに精神的安らぎを与える．と同時に，水田が巨大な陸水湖として洪水時などには緩衝地帯になり，また環境の浄化に役立っていることは，よく知られている事柄である．

このように，農業の国際的分業は正常な姿ではない．同様に，国内的にみられる都市と農村の分離についても考え直さなければならない．人の快適な生活環境は，商工業地帯と農業・畜産地帯を

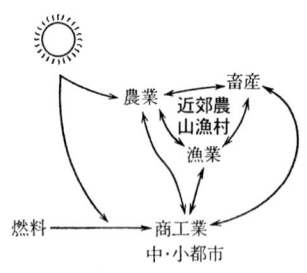

図 1.9 農山漁村と中・小都市との共生システム（新しい農商工都市の建設）
(一谷多喜郎原図)

組み合わせた適正な大きさの農商工都市によりつくられるという考え方がある．都市部で消費される食糧は主として近郊農地で生産され，都市部で排出される有機物は加工して農地へ返すという，一種の閉じた物質循環システムを形成するため，最適規模の田園都市を建設しようというものである（図1.9；章末コラム参照）．

　ここでは，農業生産が自然のエネルギー循環に近い形で行われるため，大規模な機械化や大量の石油消費をする重装備産業に限りなく進むということは避けられよう．化学肥料中心の大面積単一植物栽培から，有機質肥料中心の多植物複合栽培へと移行する．したがって，特定の病害虫や雑草が大発生するということは少なくなるし，農地が類似の気象条件下の適正サイズであるので，病害虫の発生予測がより容易に行いうる．植物保護技術もこれまでの徹底的な駆除・消毒といった考え方から，予防・環境衛生というものに代わっていくであろう．

　20世紀後半に効率のみを追求した近代農業が，21世紀もそれを受け継いでいくのであろうか．それとも，より快適な生活環境の創造を目ざして，新しい植物生産形態を生むのであろうか．新しい植物生産の形態は新しい生態系を生み，新しい植物保護技術の進歩と密接にかかわっているのである．

研 究 問 題

1.1　農薬や化学肥料に完全に依存する近代農業には，いろいろな批判がある．この批判について，クラスで話し合ってみよ．

1.2　農薬をできるだけ使わないようにするには，われわれは作物栽培上あるいはその生産物の流通・販売の面で，どのようなことを改善していかなければならないか．農家，農協，青果市場，スーパーマーケットなどの聞き取り調査をしたうえで，あなたの意見をレポートにまとめてみよ．

1.3　有機農法（自然農法）を行っている農家を訪問し，栽培法，病害虫の発生状況，過去5年程度の単位面積当たり収量などを聞き取り調査し，付近の慣行農法とそれらと比較しながら，有機農法の利点と問題点を考えよ．

根づかせたい都市農業

「都市に農地は不要だ」という声が高い．しかし，都市の農地は新鮮な農産物が迅速に供給できるうえに，緑地や防災の機能をも果たしている．

京阪神では，都市の農地に伝統野菜，軟弱野菜，茶，果樹が栽培されており，特産地になっている所さえある．京都市の伝統野菜が東京などのスーパーや八百屋の店先で人気がある．この背後には都市近郊の町おこしにかける生産者たちの努力がある．かつては高級料亭や一流百貨店でしか扱われず，一般の消費者には高根の花であったものが，今は価格も下がり各地との食文化交流の一端を担っている．

図でも明らかなように，大阪市内の農家は現在も市の周辺部にのみ見られるが，ここでとれたキクナ，シロナ，ホウレンソウなどは早朝"せり"にかけられ，その日のうちに市民の食卓にのぼる．

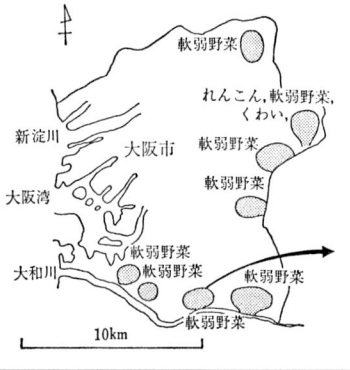

2. 病原体，害虫と雑草の生物学

2.1 病 原 体

a．歴　　史

　植物の病気はすでに『旧約聖書』に現れており，わが国でも，世界で最も古いと考えられる植物ウイルス病の記録が『万葉集』の歌の中にみられる．江戸時代には本草学が発達し，植物の病気の詳しい記録や対策もみられるが，病気の原因についてはまったく誤った解釈がなされていた．

　18世紀の西欧では植物分類学が盛んになり，菌学も発達した．しかし，生物の自然発生説が広く信じられていたので，病植物表面に付着している菌類の胞子は植物がつくったものとされ，その植物の病気を起こしている病原菌であるとは一般に考えられていなかった．

　19世紀半ばになり，微生物学などの新しい潮流と軌を一にして植物の病気にも関心がもたれるようになった．1845年，アイルランドで起こった"ジャガイモ飢饉"は多数の餓死者や移住者を出し，大きな社会問題になった．1861年，ドイツの DeBary は，この飢饉の原因である疫病が *Phytophthora infestans* により起こるとし，"植物病理学の父"と仰がれた．また，病原細菌の同定* や菌類の培養** が行われ，農薬が創製（フランスの Millardet がボルドー液を発見，1883年）され，使用された．さらに，1892年に Iwanowsky はモザイク病にかかったタバコ葉汁液が，細菌濾過管を通過後も発病させることを見出した．1935年，Stanley はこの濾過性病毒がたんぱく質であることを発見し，これはさらに Bawden & Pirie（1937）によって核たんぱく質であることがわかった．1956年，Gierer & Schramn；Fraenkel-Conrat らはこのうちの核酸が感染性を示すことを明らかにした．

---

　*　ジャガイモ褐変の原因が細菌であるとした Mitscherlich の報告は，Davaine による炭疽病家畜血液内の炭疽病菌の観察と同年（1850）である．
　**　Brefeld によるかびの純粋培養（1875）は，Koch による炭疽病菌の分離に1年先行した．

わが国でも、明治時代に入って「植物病理学」の講義が始められた。ウイルス病の虫媒伝染が明らかにされ (1895)、経卵伝染が証明され (1933)、のちにファイトプラズマと改称された新しい病原体マイコプラズマ様微生物 (MLO) が発見された (1967)。これらはいずれも最初の発見で、世界に誇りうる業績であった。

b. 病　気

植物体の一部または全体が、何らかの原因により形態的、生理的に異常になる場合を病気であるという。この異常を起こさせる原因を病原体といい、異常が通常質的な場合（たとえば植物体の腐敗・枯死、あるいは葉面にかび状のものの存在）には、この異常が1個の病植物体から隣りの健全植物体へ伝染していくことが多く、伝染性の病気といって早急に対策が迫られる。一方、異常が量的な場合（たとえば異常低温による作物の生育不良―冷害）、これも病気の一つであるが非伝染性の病気として取り扱う。これは伝染することがないので殺菌剤による対応をする必要はないが、適宜それなりの処理をしなければならないものである。

植物にとって正常な生理現象でも、植物栽培上悪い影響を及ぼす場合には病気として扱う（例：マダケ開花病）。逆に、明らかに形態的・生理的に異常（図2.1）であったり、また実際に病気にかかっていても、商品価値を高める場合（例：チューリップの花の斑入り）には病気とはいわない。

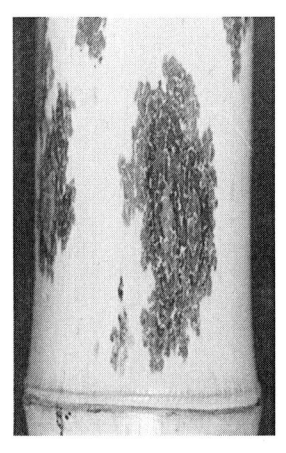

図2.1　雲紋竹（勝本　謙原図）
一名"丹波斑竹"といい、諸説があって一時寄生菌によると考えられたが、低温障害により生じた斑紋という結論が得られている。
竹種：ハチク（兵庫県産）．

以前、わが国における病気による被害は、収量減という量的なものが問題になっていた。この問題は今日の熱帯農業国でみられるもので、国家の政治をゆるがすことさえある。しかし、最近わが国では病気による被害は量的なものだけでなく、品質低下などの質的な面が重視されている。また、特に周年栽培・輪作期間の短縮・施設園芸などの栽培形態の変化により病気が毎年発生しやすくなった。さらに経済成長、食生活の変化に伴って新しい作物が導入され、生物相のバランスが破壊されることも病気が発生しやすくなった原因であろう。

このように、発病には人為的・自然的・生物的な要因が強く働き、発病および

その程度を左右する．この分野の研究は疫学と呼ばれ，米国で長年月を経てその体系を整えるに至ったもので，農業に貢献するところはきわめて大きかった．わが国でも，昭和に入ってから第二次大戦まで疫学的研究が盛んであったが，戦後から1960年代にかけての生化学の発達により病理化学的研究へ，さらにはバイオテクノロジーへの志向が高まった．しかし，農業の農薬に対する過度の依存は農薬残留などの環境汚染を生み，遺伝子組換作物が出回るようになると，その人体や環境への安全性に不安が持たれるようになった．今後，安全性はいずれも最新の科学的根拠によって情報を開示して行かねばならないし，客観的に点検し続けて行かねばならなくなろう．さらに，研究者には生物全体に対する深い理解を持ったうえで，新しい病害保護技術の研究に取り組む姿勢が求められよう．

c. 分類・形態

発病要因の中で，最も重要なものは主因と呼ばれ，この主因となるものに病原体がある．大部分の病原体は，その生育・増殖に必要な物質を宿主植物からとる寄生者である．ウイロイドとウイルスは非生物であるが，伝染性病害を起こす点で生物的活性をもち，病原体として生物のように行動するといえる．以上のような病原体は，表2.1のようにまとめられる．

表 2.1 病原体の種類

病害	病原体	病原体の実例
伝染性病害	ウイルス性病原体 生物性病原体	ウイロイド，ウイルス ファイトプラズマ，細菌，放線菌，糸状菌，藻類，寄生植物，線虫
非伝染性病害	非生物性病原体	土壌要因：水分・養分の過不足と不均衡，酸素不足，pH，塩類集積など 気象要因：日照，温湿度，通風，風雨，落雷，降霜，積雪など 生物代謝産物：有害蓄積物 農作業：農薬害，傷害など 公害：鉱毒，大気汚染，水質汚濁，産業廃棄物など

発病を助長する環境要因を誘因（表2.1の非生物性病原体の中の日照不足，窒素肥料の過剰，冷水灌漑，温湿度変化などは誘因にもなる）という．また，病原体に侵されやすい植物の体質を素因*という．主因，素因，誘因の三者がうまくかみ合ったときにだけ，病気は発生する（図2.2）．

　* 病原体aは植物Aを侵すが，同じ場所に生育する植物Bは侵さない．このように，Aがaに侵されるとき，Aはaに対して種族素因をもつという．この場合，Aを感受体という．また，植物の

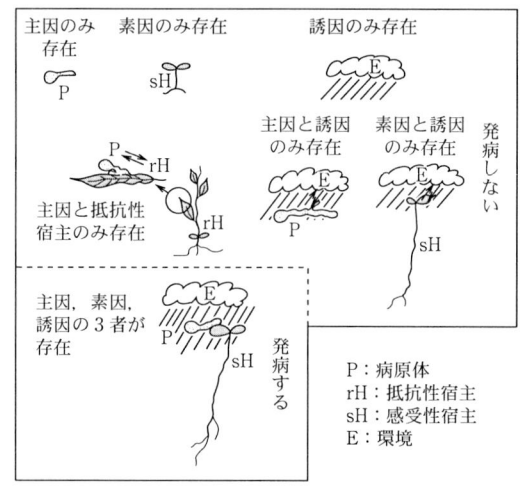

図 2.2 主因，素因および誘因のからみ合いによる
伝染性病害の発生（一谷多喜郎原図）

生育段階により病気にかかったり，かからなかったりすることがあるが，これは個体素因と呼んでいる．

　ここでは，伝染性病害をひき起こすウイルス性と生物性の病原体について述べ，非伝染性の非生物病原体については，発生条件（p.65-73），気象災害（p.94），環境汚染（p.99）の項で誘因あるいは主因として述べる．

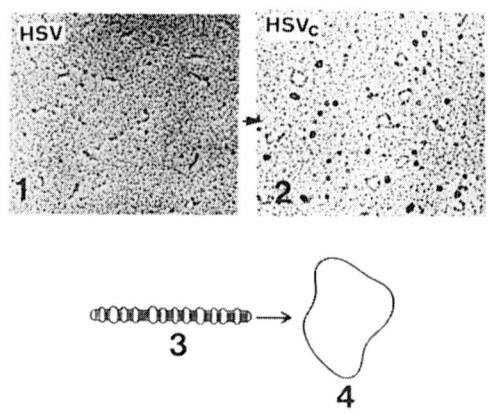

図 2.3　ホップわい化ウイロイド（大野ら，1982を改変転写）
1, 3：本来の状態；2, 4：変性した（開環状の）状態．

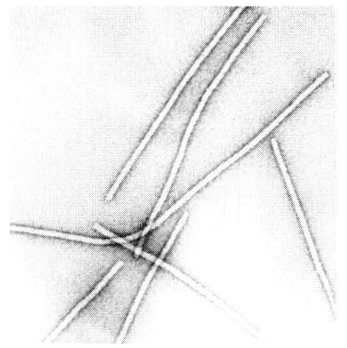

図 2.4 イチゴシュートマイルド
イエローエッジウイルス
(SPMYEV)
(吉川・井上, 1986)
長さ: 625 nm, 幅: 12 nm.

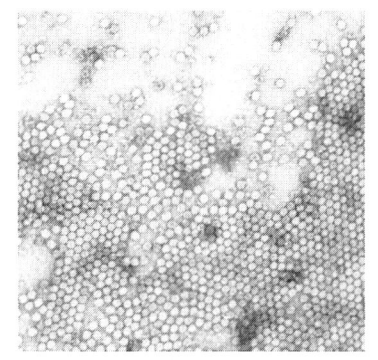

図 2.5 インゲンマメ南部モザイク
ウイルス (SBMV)
(尾崎武司原図)
径約 30 nm.

1) ウイロイド・ウイルス　ウイロイドの本体は，小さな環状で低分子の1本鎖 RNA であるが（図 2.3），2本鎖になっている部分も多く，この部分はきわめて安定である．わが国では，カンキツエクソコーティスウイロイド，ホップわい化ウイロイドなどが知られている．

　ウイルスの外形は棒状（図 2.4）と球状（図 2.5）とに大別される．多くの場合，ウイルス粒子はたんぱく質外被の内側に核酸が包み込まれている．外膜をもつウイルスもある．ウイルスには核酸が DNA である DNA ウイルスと RNA である RNA ウイルスがある．植物ウイルスの核酸は1本鎖 RNA であることが多い．少数ではあるが，2本鎖の RNA ウイルス（イネ萎縮ウイルスなど），2本鎖の DNA ウイルス（ハナヤサイモザイクウイルスなど），1本鎖の DNA ウイルス（maize streak virus など）がある．

2) ファイトプラズマ・細菌　ファイトプラズマと細菌はラン藻類とともに原核生物に属し，菌類のような真核生物とは分類上異なる．

i) 形　態：　ファイトプラズマは細胞壁を欠いて不整形である．細菌の外形は基本的に球状，桿状，らせん状の3つに大別され，植物病原細菌は，放線菌類，ファイトプラズマを除くと通常桿菌に属し，芽胞（一種の耐久性の内生胞子）を形成するものは少ない．細菌細胞の大きさは培養法，培養の古さで異なり，$1.0 \sim 5.0 \times 0.5 \sim 1.0\ \mu m$ の範囲にある．細胞壁の外側は主として多糖類からできており，莢膜または粘液層でおおわれている．細胞質にはメソゾーム，核

物質，リボソームを含んでいる．

ii) 分 類： クワ萎縮病など萎黄叢生病がファイトプラズマによって起こることが報告（土居ら，1967）されて以来，スピロプラズマやリケッチア様微生物（RLO）が発見された．これらの病原体は主としてヨコバイ類によって永続伝搬（p. 29 参照）をし，植物では篩部組織などの特定部位で増殖する．ファイトプラズマはテトラサイクリンに感受性で，細胞は限界膜に包まれ，そのなかにリボゾーム様果粒とともにDNAをもつ．わが国では，50種近くのファイトプラズマ病が知られている．カンキツスタボン病の病原スピロプラズマが発見され，その培養が成功（1971）してからコーンスタント病など，つぎつぎに報告された．RLOは師管および道管に寄生するグラム陰性の小型細菌として見出された．この細菌は細胞壁をもち，テトラサイクリンやペニシリンに感受性で，人工培養はできない．ブドウピアス病など十数種が知られており，シイタケの子実体菌糸細胞内にもRLOと考えられるものが見出されている．

Streptomyces 属は菌糸状の菌体上に胞子（0.5～2.0 μm）を鎖状に形成する．一部の菌種が植物にそうか病を起こす．

細菌は主として細胞形態，培養所見，栄養，生理・生化学的性質，全DNAの相同性やrRNA遺伝子の塩基配列の比較などに基づいて属に分類されている．

国際細菌命名規約の改正に伴い，種以下の分類群として病原型（pathovar, pv.）が設けられた（例：イネ白葉枯病菌 *Xanthomonas campestris* pv. *oryzae*）．細菌病にはイネ白葉枯病のほかに，キュウリ斑点細菌病，ハクサイ軟腐病，トマト青枯病，バラ根頭がんしゅ病などがある．

3) 菌 類 1990年代初頭に誕生した分子系統分類学的研究によると，菌界はツボカビ門，接合菌門，子のう菌門，担子菌門から成るとされる．不完全菌類は，系統的に子のう菌類もしくは担子菌類に属し，独立の高次分類群を構成しないことが明らかになったので，ここでは便宜上担子菌門の後に1菌群として括弧をつけておいた．

従来，菌界に含めていた細胞性粘菌類，真正粘菌類，ネコブカビ類，およびサカゲツボカビ類，卵菌類，ラビリンツラ類は菌界から外し，それぞれ独立の門として原生動物界およびクロミスタ界に位置づけた．分子系統学的データに基づく門―界レベルの分類学的枠組みは，細胞壁糖組成，リシン生合成経路，細胞微細構造などの主要な表現型形質を比較的よく反映している．しかし，菌類の分子系統分類学は，近年急速に発達してきたもので，特に科以上の分類はすべて定着し

たものでなく，さらに流動的である．

以下，Hawksworth, D. L.ら(1995)の分類体系に従い，代表例をあげながら解説していく．

原生動物界 Protozoa

i) **アクラシス菌門** Acrasiomycota，ii) **タマホコリカビ門** Dictyosteliomycota： 以上の2門とも，植物寄生菌は知られていない．

iii) **粘菌門** Myxomycota： 一般に変形菌病を起こすといわれているが，寄生病ではなく茎葉を被覆して生長阻害や枯損被害をもたらすものがある（例 シバほこりかび病菌 *Mucilago spongiosa*, *Physarum cinereum*）

iv) **ネコブカビ門** Plasmodiophoromycota： アブラナ科植物根こぶ病菌 *Plasmodiophora brassicae*：本菌の菌体は，遊走子嚢（休眠胞子），第1次と第2次の遊走子および第1次と第2次の変形体からなる．

クロミスタ界 Chromista

i) **サカゲツボカビ門** Hyphochytriomycota： 植物寄生菌は知られていない．

ii) **卵菌門** Oomycota：

① 疫病菌 *Phytophthora* spp. とピシウム菌 *Pythium* spp.：共に同じフハイキン科に属し，無隔菌糸体をもち無性的に遊走子（図2.6）を形成する．蔵卵器と蔵精器により有性生殖を行い卵胞子を内生する．しかし，両菌には遊走子の形成方法などに差異がある．

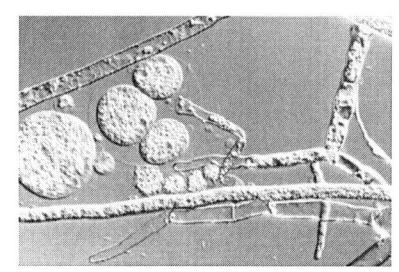

図 2.6 ピシウム菌の遊走子形成
（一谷多喜郎原図）直径約12 μm．

② べと病菌 *Peronospora* spp., *Bremia* spp., *Pseudoperonospora* spp., *Plasmopara* spp., *Sclerospora* spp.：本菌は疫病菌，ピシウム菌と同じ目であって菌

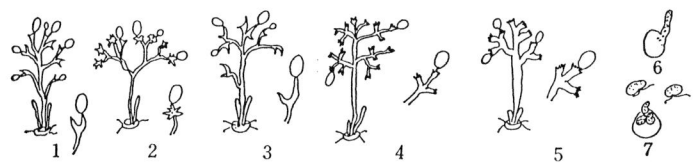

図 2.7 ツユカビ科5属の特徴（樋浦，1969に準拠）
1：*Peronospora*，2：*Bremia*，3：*Pseudoperonospora*，4：*Plasmopara*，
5：*Sclerospora*，6：発芽管発芽，7：遊走子形成．

糸体は無隔壁，葉の裏面などで樹木状によく発達した遊走子嚢柄（図2.7）の上に遊走子嚢を外生して遊走子を形成するが，属により，あるいはときに環境の違いによって発芽管発芽をする．

iii) ラビリンツラ菌門 Labyrinthulomycota： 植物寄生菌は知られていない．

菌　界 Fungi

i) ツボカビ門 Chytriomycota： タバコ萎黄病菌 *Olpidium brassicae* はタバコやアブラナ科植物などの根に寄生し，タバコネクローシスウイルス（TNV），タバコわい化ウイルス（TSV），レタスビッグベインウイルス（BVV）を媒介する．ほかに，シロツメクサ火ぶくれ病菌 *O. trifolii* がある*．

* 春，注意すればよく目につく．発生様相に注目して採集し，葉や長い葉柄上の特徴的な病徴（図2.8）を観察し，その部分のハンドセクションをつくると，宿主細胞中に遊走子嚢（休眠胞子）を観察することができる．各自で試みよ．

図2.8　シロツメクサ火ぶくれ病
（一谷多喜郎原図）

ii) 接合菌門 Zygomycota： リゾープス菌 *Rhizopus* spp.：本菌は，無隔膜菌糸，匍枝，仮根，胞子嚢柄，胞子嚢胞子（分生子），接合胞子および厚膜胞子からなる．

iii) 子囊菌門 Ascomycota： うどんこ病菌 Erysiphaceae：本菌の分布はきわめて広く，多くの草本，木本植物に寄生する．本病は地上部のうち，主として葉，茎，枝，芽，果実などの若い部分に発生し，うどん粉をふりかけたような標徴は，誰にでも診断が容易である*．本菌は有隔菌糸体，吸器，分生子柄，分生子，子嚢殻，子嚢および子嚢胞子（図2.9）からなる．通常子嚢殻時代の形態で分類するが，分生子時代の形態によってもある程度まで類別される（図2.10）．

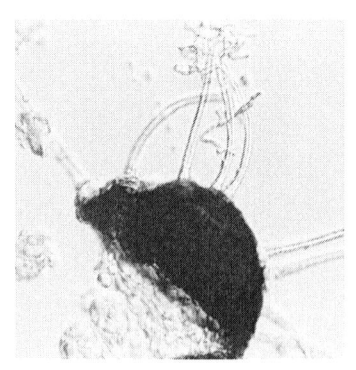

図2.9　*Microsphaera* の子嚢殻内の子嚢と子嚢胞子（一谷多喜郎原図）

* ウリ類の葉の表面の白い菌叢をかきとり，菌糸と分生子柄上に連鎖状に形成された分生子の状態を鏡検しよう．次に，カキ，エノキなどの葉に形成されている小さな黒点（子嚢殻）をかきとって観察しよう．付属糸の形態に注意し，カバーグラスの上から軽く押して子嚢殻をつぶし，中からいくつ子嚢が出てくるかを観察し，スケッチをして属の同定をしよう．

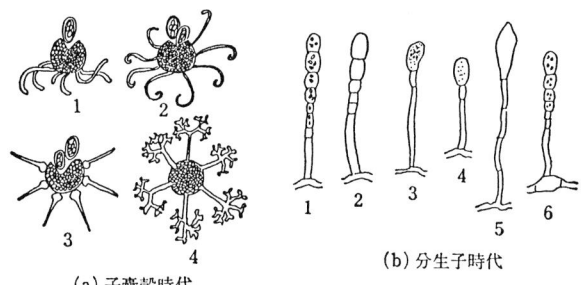

(a) 子嚢殻時代 (b) 分生子時代

（a） 子嚢殻時代
1：*Sphaerotheca, Erysiphe*, 2：*Uncinula*, 3：*Phyllactinia*,
4：*Podosphaera*（子嚢が1個の場合），*Microsphaera*（子嚢が多数の場合）.
（b） 分生子時代
1：*Sphaerotheca*, 2：*Erysiphe*, 3：*Uncinula*,
4：*Microsphaera*, 5：*Phyllactinia*, 6：*Podosphaera*.
図 2.10 ウドンコキン科数属の形態（樋浦，1969に準拠）

iv) 担子菌門 Basidiomycota：

① さび病菌 Uredinales：サビキン目に属する糸状菌の総称で，寄生菌である．少数例*を除いて人工培養は不可能である．多形性で生活史に5種類の胞子を生ずる．さび菌類では形成する胞子の種類が多いので，さび柄胞子（0），さび胞子（I），夏胞子（II），冬胞子（III），小生子（IV）のように番号をつけて区別している．0とIVは1核性，他は2核性である．すべての胞子を形成して伝染環を完成するとは限らず，ナシ赤星病菌はIIの世代を欠いている．冬胞子は発芽すれば多胞前菌糸を生じ，その上に小生子（担子胞子）を形成する．図2.11に示すように，さび病菌の属は冬胞子の形態で同定できる**．

* 古くはリンゴ赤星病菌（*Gymnosporangium juniperi-virginianae*）を Hotson and Cutter (1951) が，最近ではコムギ赤さび病菌（*Puccinia recondita* f. sp. *tritici*）を安藤ら（1979）が培養に成功している．これまでに5属7種が培養されているが，いずれも一つあるいは数種の系統で成功しているにすぎない．

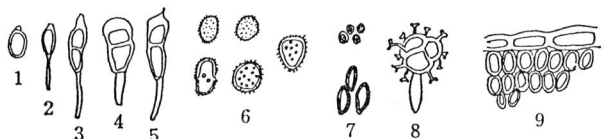

図 2.11 さび病菌の胞子の形態（平塚，1955；樋浦，1969に準拠）
1～2：*Uromyces*
3～5：*Puccinia* ｝冬胞子，6：夏胞子，7：さび胞子・擬護膜，
8：*Nyssopora*   9：*Phakospora* の冬胞子堆．

** さび病は，前に述べたうどんこ病や次に述べる不完全菌類による病気とともに，初心者にもなじみやすい．ここで，病害標本の採集などについて述べる．
　採集前の予備知識　病気の発生時期や病徴をあらかじめ調べておく．町や村はずれの人家の近く，樹木の密集している所，日当たりや風通しの悪い多湿の所，特用作物の連作畑などに病気は出やすい．植物採集に準じる身仕度でよい．
　採集上の注意　現場では，まず非伝染性病害と区別する．葉に現れた斑点性病害に注意し，二次寄生者と混同しないようにする．標徴（病斑部のかび・粒点・菌核・菌糸束・子嚢殻・きのこなど）を肉眼やルーペにより観察する．標徴は，病徴と違って環境の影響を受けることが少なく大体一定しているので，同定の重要な手がかりになる．

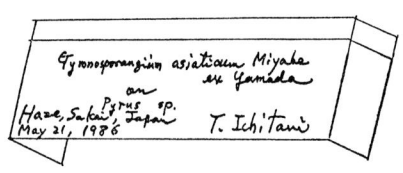

図 2.12　さく葉ポケット（縦 9 cm，横 20 cm）（樋浦，1969 に準拠）

さく葉ポケットのつくり方と保存　さく葉の作製法は，一般植物の場合に準じるが，病斑部が破損しないよう注意する．でき上がったさく葉はさく葉ポケット（図 2.12）の中に入れる．宿主または病原菌のアルファベット順などに配列し，引出しの中にナフタリンとともに入れて保存する．引出しはときどき換気をする．
その他　鏡検法については池上ら（1996），プレパラートと菌株保存法については Herb. I. M. I. Handbook（1960）を参照するとよい．

②　黒穂病菌 Ustilaginales：クロボキン目に属する糸状菌の総称で，半寄生菌（hemiparasite）で生活環の中の一部分だけが人工培養できる．大部分のものは花部特に子房を侵し，くろほを生じる．有隔菌糸体をもち，くろほ（厚膜）胞子をつくる．くろほ胞子は発芽して前菌糸（担子器）または菌糸となり，前菌糸には小生子（担子胞子）が形成される．前菌糸の形はくろほ菌の種類によって一定し，二大別される．

[**不完全菌類** Deuteromycetes]
　有性世代が不明，またはこれを欠くため，分生子形成法などにより分類されており，同定は不完全時代の形態（図 2.13）によって行う．有性世代が発見されたものについてみると，そのほとんどは子嚢菌類に属している．
　①　灰色かび病菌 *Botrytis* spp.：分生子柄および分生子を叢生する．
　②　フザリウム病菌 *Fusarium* spp.：分生子座を生ずる特徴をもつが，常にこれを形成するとは限らず，最も普遍的な特徴は大型分生子にある．
　③　いもち病菌 *Pyricularia* spp.：分生子柄は通常分枝することなく，その先

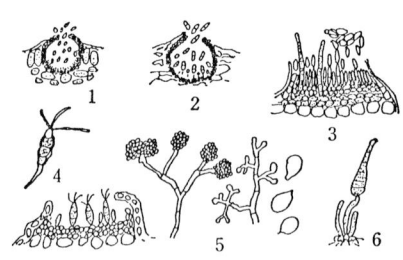

図 2.13　不完全菌類の分生子形成の形態
（樋浦，1969 に準拠）
1：*Phyllosticta*，2：*Ascochyta*，
3：*Colletotrichum*，4：*Pestalotia*，
5：*Botrytis*，6：*Alternaria*．

端に無色，洋ナシ形，3細胞からなる分生子を形成する（図2.14）．

以上の3菌と図2.13のAlternaria spp. などは不完全糸状菌綱（Hyphomycetes）に属するが，図2.13のPhyllostictaなどはもう一つの分生子果不完全菌綱（Coelomycetes）に属する．

d．生態

植物の病気の圃場における発生と流行は，越冬から第一次，そして第二次感染を経て再び越冬に至る伝染鎖として理解しなければならない．この発生と流行は温度，湿度などの自然的環境と施肥などの人為的環境の影響を強く受け，発病の生態学といえる．この場合，対象は個体ではなくむしろ群である．発病の生態を明らかにすることは，病気の発生予察を行ううえで重要なことであり，病気を経済的に防除するという観点から，きわめて大切なことである．

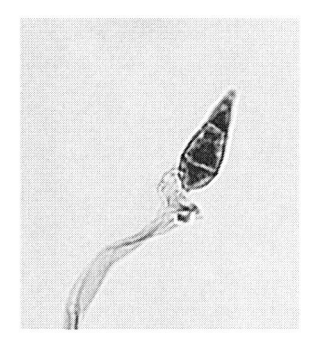

図2.14 ペレニアルライグラスいもち病菌 *Pyricularia* sp. の分生子柄と分生子（一谷多喜郎原図）

1）伝染源　伝染源にはその年の最初の発生源になる第一次伝染源と，その後の蔓延のもとになる第二次伝染源とがある．

i）第一次伝染源：

罹病植物遺体　病気が進行して植物が枯死するようになると，病原菌は罹病組織に菌核（図2.15），厚膜胞子，卵胞子などの耐久体をつくる．これによって越年し，翌年新しい植物が生長してくると，その根から分泌される物質で休眠が破れたりして発芽し，宿主植物に侵入する．キュウリ斑点細菌病菌は罹病葉が枯死すると乾燥状態となり，土中で越年する．イネいもち病菌は，野外では生存できないようであるが，罹病イネわら内では菌糸の形態で越年する．

罹病枝梢　モモ炭疽病では罹病した枝組織内で病原菌が越年し，翌年の新梢や新葉への伝染源になる．

種子，苗木，球根など　種子はしばしば伝染源に

図2.15 罹病植物遺体上に形成された菌核（矢印）（一谷多喜郎原図）キャベツ菌核病．

なるので植付前に消毒をする．病原菌が内部組織に侵入していると，消毒しても効果がない*．ウイルスは細菌や糸状菌に比べ種子伝染率は低い（数%であるという）．苗木，塊茎**，球根などは種子以上に第一次伝染源になりやすく，植物検疫上の重要な検査対象になっている．

  * 箱育苗のイネいもち病，種子のみが唯一の伝染源であるイネばか苗病やムギ裸黒穂病で注意を要する．
  ** アイルランドで猛威をふるった歴史的に有名なジャガイモ疫病は，原産地の南米から1830年ごろヨーロッパに侵入し，1844年には英国でも発見され，翌年の飢饉となった．
  また，ドイツの地方病であったジャガイモ輪腐病は，1931年にカナダに，その翌年米国に侵入し，被害を出しはじめた．1947年北海道ではじめて発生し，種いもとともに全国に広がった．そこで，無病の種いもを生産する"原原種農場"を設け，徹底的な撲滅作戦が展開されたので，現在ではほとんど制圧されている．

土　壌　土壌病原菌，特に土壌中で腐生生活ができる土壌生息菌（軟腐病菌，苗立枯病菌，紋羽病菌など）には，土壌が第一次伝染源として最も重要である．土壌伝染性ウイルスも土壌が第一次伝染源で，この場合には媒介生物が関係しないもの（TMV，キュウリ緑斑モザイクウイルスCGMMV），線虫が媒介するもの（タバコ茎えそウイルスTRVやNepovirusなど），糸状菌が媒介するもの（タバコわい化ウイルスTSV，ムギ類萎縮ウイルスSBWMVなど）などがある．通常は種子伝染により発病するが，一部土壌にも残り発病させるもの（ムギなまぐさ黒穂病，から黒穂病）もある．

雑草を含むその他の植物　CMVはナス科，ウリ科などきわめて多数の植物に寄生し，特に罹病した各種の雑草などは第一次伝染源になる恐れがある．イネ白葉枯病菌はサヤヌカグサにも感染し，このサヤヌカグサの地上部が冬に水田の畦や水路で枯れても病原細菌はその根について生存しており，翌年の灌漑水とともに水中に広がって水田に入り，イネに感染して白葉枯病を起こす．ナシに寄生する赤星病菌は，さび胞子世代でナシに赤星病が発生し，その前の冬胞子世代はビャクシンに寄生しており，4月に雨に会うと膨潤して柔らかい淡黄色のゼリー状の冬胞子堆（図2.16）になる．この冬胞子は発芽して小生子を生じ，これがナシ葉に侵入してさび胞子を形成するのである．このようにビャクシンは赤星病の重要な伝染源である*（p.68参照）．

図 2.16　ナシ赤星病菌のビャクシン上の冬胞子堆
　　　　（一谷多喜郎原図）

＊ さび病菌の寄生性は複雑で，別種の2種類の植物を寄主とする場合，経済的に重要でないものを中間宿主といい，このような現象を宿主交代，こういう行動をとる寄生菌を異種寄生菌という．異種寄生性さび病菌にはナシ赤星病菌のほかに，ムギ類黒さび病菌 *Puccinia graminis* が有名で，中間宿主はヘビノボラズ類である．

昆虫類 イネの萎縮病（イネ萎縮ウイルス RDV）や縞葉枯病（イネ縞葉枯ウイルス RSV）の媒介昆虫には，それぞれツマグロヨコバイ，クロスジツマグロヨコバイ，イナズマヨコバイおよびヒメトビウンカ，シロトビウンカ，サッポロウンカなどがある．

その他 野菜のべと病，炭疽病（図2.17），灰色かび病などの病原菌は，植物遺体，支柱，ひも，ビニールシートなどに着いて越年する．TMV は市販のタバコの中にも生存しており，タバコを吸う人が芽かきをすると発病する．

ii） 伝染の方法： 病原体は，遊走子を除くと自ら動く力をもたないので，物理的要因や生物的要因によって運ばれ，宿主への侵入を行う．伝播方法には，種子伝染，風媒伝染，水媒伝染，土壌伝染，昆虫伝染などがあり，TMV やトマトかいよう病菌は，摘芽・

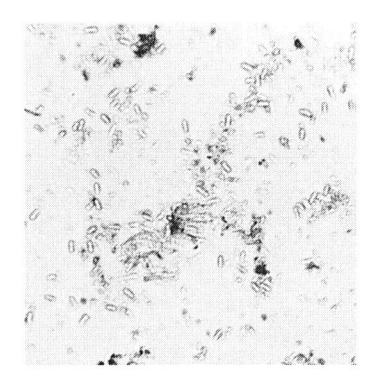

図 2.17 スイカ炭疽病菌の分生子
（一谷多喜郎原図）
大きさ：$14〜20 \times 5〜6 \mu m$．

摘心により伝播する場合もある．また，カーネーション萎ちょう病は挿し芽により，多くの土壌病害は中耕などの農作業により広がっていく．

このうち，昆虫伝染は，細菌や糸状菌の病気では重要でないが，ウイルスではきわめて重要な伝染方法で，ウイルス全体の約半数のものがこの方法で行われ，アブラムシによるものが特に多い．

昆虫による伝搬法は，非永続伝搬と永続伝搬とに大別される．非永続伝搬は媒介虫が病植物を短時間吸汁するだけでウイルス伝搬能力を獲得し，その後短時間内に伝搬能力を失うもので，口針による単なる機械的伝搬であるとの見方から口針型の伝搬ともいう．CMV，ジャガイモウイルス Y（PVY）など多くのものが，アブラムシで非永続的に伝搬される．

永続伝搬では，吸汁後一定時間を経過しないとウイルスを移すことがない（この移さない期間をウイルスの虫体内での潜伏期間という）．一度ウイルスを移すようになった昆虫は，その後長期間ウイルスを伝搬する．永続伝搬ウイルスは，

虫体内で増殖がみられる増殖型と，それがみられない循環型のものとに分けられる．増殖型であるイネ萎縮ウイルスの媒介虫（ツマグロヨコバイ）は，一度ウイルスをもつと終生その伝搬能力を保持するだけでなく，卵を通じてウイルスを子孫にまで伝える（経卵伝染，1933年に福士が世界で初めて発見）．

カーネーションえそ斑ウイルス（CNFV）では，非永続伝搬と永続伝搬の中間的な様式でウイルスが移される．これを半永続伝搬と呼ぶが，これは口針型ウイルスとみられている．

2) 病原体の侵入と増殖

ウイルスは無傷の植物体には侵入できないが，TMVは病植物と健全植物とがすれ合うとその傷口から侵入する．多くの場合，植物ウイルスは昆虫などの媒介者により植物体内に侵入する．

細菌も自力では侵入できないので，傷口や気孔，水孔などの自然開口部から入る．イネ白葉枯病細菌のように，水孔から道管内に入り，葉縁を細長く枯死させたり（図2.18），道管をつまらせ萎凋させたりする．

糸状菌の多くは，角皮分解酵素により角皮を溶かして侵入するようである．感受性が高い植物体上に飛来した病原菌の胞子は，適湿下で発芽管を生じて発芽し，植物体上に付着器をつくる．付着器は粘質物を出して植物体上に固着する．付着器から侵入菌糸が生じ，角皮および表皮細胞の細胞壁を分解し，侵入・定着（侵害力があるという）した菌糸は表皮細胞から柔組織細胞へと進展していく．

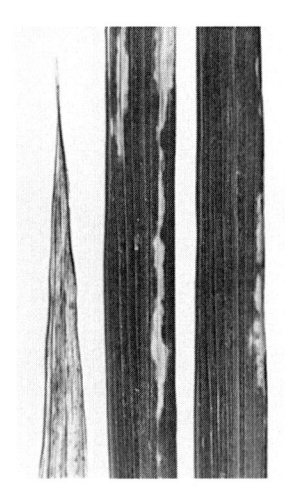

図 2.18 イネ白葉枯病の病斑
（一谷多喜郎原図）

病原菌が宿主内に定着する場合，両者間に成立する栄養関係を菌側からみると，①絶対寄生菌，②条件的寄生菌，③腐生菌の3種類になる．絶対寄生菌は生きている宿主細胞から養分をとるもので，菌糸は細胞間隙を伸長し，細胞内へ吸器を挿入する（例：うどんこ病菌，べと病菌，さび病菌など）．条件的寄生菌は宿主細胞を殺してその死細胞から養分をとる（例：いもち病菌など多数の病原菌）．腐生菌は死んだ有機物から養分をとる．木材腐朽菌のように，樹木の死滅した心材部で増え，その後生きた辺材部にまで伸長するものがあって，条件的寄生菌と腐生菌，また絶対寄生菌と条件的寄生菌さえも区別できない場合がある．

3) 発 病 病原菌が宿主体内に蔓延し，宿主細胞が死滅していくと，病徴が肉眼で観察される（発病力―狭義の病原性―があるという）ようになる．この場合，病徴が現れるまでの期間を潜伏期間という．いつまでも病徴が現れない場合には潜在感染といい，その宿主を保菌者という．しかし，保菌者は環境によっては発病することがあるので，伝染病防疫上重要である．

4) 発病環境 病気の発生環境は，自然環境と人為環境に分けて考えられる．各種病害の発生環境については，代表的病害について次章で詳しく述べる．

e. 診 断

診断の目的は，罹病植物を検査して正しい病名を決めるだけでなく，症状の進展度，被害の見通し，防除の要・不要，防除の緊急性，防除法の指示まで行うことである．

1) 早期診断 初期病徴と病徴の経時変化をよく把握しておく．常に圃場を見回り，診断のつぼ（水田では水口，日陰，過繁茂の所など）を心得ておく．

2) 個体あるいは集団レベルの診断 既知の病気でも，株全体，また圃場全体を眺めて正しい診断を下すようにする．

3) 診断の方法

i) 圃場診断： 診断は発病個体に対してではなく，発生圃場の病気について行うもので，未知の病気では特に発病現場をみる必要がある．薬害，栄養障害，気象災害および公害の場合には，圃場全体あるいは圃場の立地条件をみなければならない．さらに隣接圃場の発病状態，当該圃場の耕種概要，気象環境，発病経過，病害虫や雑草防除の概要などについて問診を行う．このようにして，伝染性の病気か否かを総合的に判断する．

ii) 個体診断：

肉眼診断 肉眼による病徴と標徴からの診断法で，適宜ルーペも使う．

解剖学的診断 顕微鏡を用いて病原菌の存在や形態を調べ，病気によって起こる内部組織の変化，異常生産物などを観察する．このようにして，同じ萎凋性の病気でも，糸状菌によるものか細菌によるのかが明らかになる．ある種のウイルス病では，はぎとった病

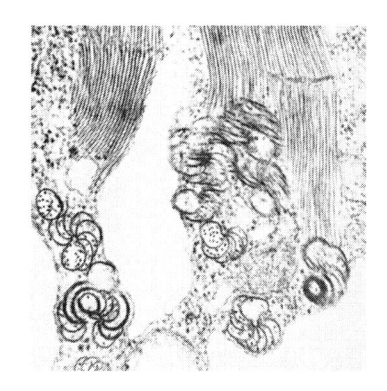

図 2.19 ズッキーニ黄斑モザイクウイルスによる細胞質内の管状封入体（キュウリ）（×40,000）（Pissawan Poolpol 原図）

植物の表皮細胞には結晶性あるいは非結晶性（X-体）の封入体がみられ診断の手がかりになる．封入体には電子顕微鏡を用いてはじめて検出できるもの（図2.19）もある．

病原的診断　病原体を分離・培養し，接種，そして再分離（コッホの3原則）して病原菌を同定する．ウイルスの同定は，寄生性，病徴，伝搬様式，血清学的方法，粒子形態，理化学的方法（核酸雑種形成法など）で行う．

理化学的診断　これには，罹病植物の理化学的変調を調べて病気の種類を診断しようとするもの（紫外線照射によるジャガイモ輪腐病）と，植物の理化学的状態を調べて健康診断しようとするもの（AK-毒素溶液を用いた二十世紀ナシ樹の黒斑病に対する抵抗度の定量的診断）がある．

血清学的診断　純化ウイルスをウサギなどの小動物に注射して得た抗血清は，そのウイルスと特異的に反応して沈殿をつくるが，このような血清反応を利用してウイルスの検出，そして診断が行える．この方法では早期診断が可能で，植物病原細菌の異同選別にも利用されている．最近，さらに簡便で迅速な方法（ダイバ法など）の改良と開発が行われている．

生物学的診断　ウイルスの検出に接木接種，汁液接種，媒介虫を用いた接種などを行う．検出には，各ウイルスに適した種々の検定植物を用いる．病原細菌の診断には，選択培地による希釈平板法，蛍光抗体法，ファージ法などがある．土壌病害の検診は希釈平板法，捕捉法，残渣法，浮上法，幼植物検査法などで行う．

f．病害抵抗性

植物が病原菌に侵されても，その群落全体が枯死するということはない．これは，病原菌に好都合な環境条件が与えられていないことや，植物が病原菌に対して多少とも侵されにくい性質（抵抗性）をもっていることによる．このような植物本来がもっている抵抗性の活用は，常に病害防除の基礎になるものであり，以下の随所（3，4章）で述べることにする．

2.2　昆　　虫

a．分　　類

昆虫類は節足動物門の昆虫綱（Insecta）に属している．これまでに命名された現存する昆虫の種類数は約120万種にのぼり，全生物種の約50％，動物種の70％を占める．日本からは約25,000種が記載されているが，実際はこの数倍の

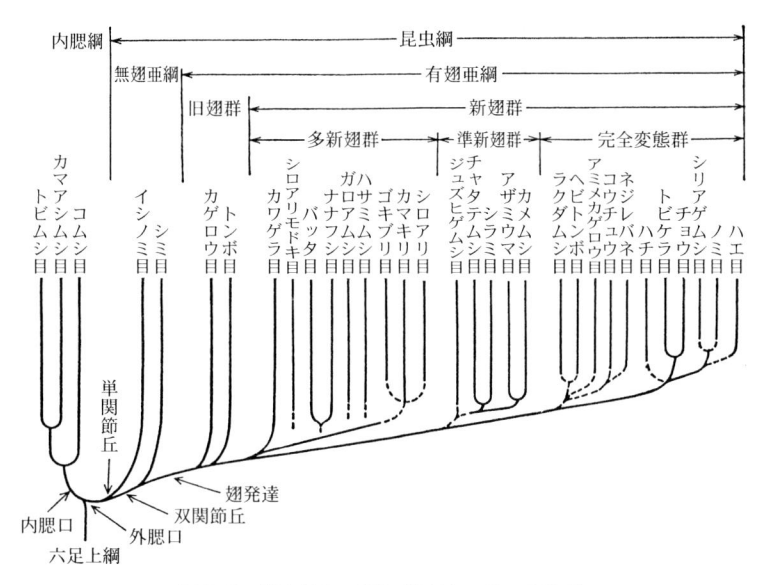

図 2.20 現存昆虫の系統（笹川ら，1984 を改変）
破線部は，派生関係の未確定を示す．

種類がいるものと推定されている．

　昆虫類の祖先は六脚類から分岐したと考えられ，古生代デボン紀ごろにはすでに存在していたことが化石で確かめられている．昆虫綱はより原始的形態を残す無翅亜綱（Apterygota）と，より進化した形態をもつ有翅亜綱（Pterygota）に大別され，現存する昆虫は29の目に分けられている（図2.20）．これまでトビムシ類など内腮綱の動物も昆虫綱に含められていたが，最近では別の綱として扱われる傾向にある．

　日本産昆虫類のうち農作物を加害する害虫は全昆虫種の約10%，2,000種ほど知られているが，このうち恒常的に被害を与える重要な害虫は200種程度に限られる．それらの多くはチョウ目(Lepidoptera)，カメムシ目(Hemiptera)，コウチュウ目（Coleoptera），ハエ目（Diptera），アザミウマ目（Thysamoptera），バッタ目（Orthoptera），ハチ目（Hymenoptera）などに属する昆虫である．

　生物はおもに形態的特徴の類似性に着目して科，属へと順次下位の分類単位（タクソン）に細分化され，最終的に種が区分される．世界的に通用する種の名前は学名と呼ばれ，主としてラテン語またはギリシャ語源の属名（名詞）と種（小）名（たいてい形容詞）で書き表す（二名式）ように国際動物（または植物，

細菌）命名規約で決められている．たとえばカイコガの学名は

Bombyx mori Linné

と書かれる．Bombyx はギリシャ語の"カイコ"，moriは"桑の"という意味である．最後の Linné はこの種の命名者を表す．学術的文書には習慣として属名と種（小）名はイタリック体で記述される．

b．形　態

種は多くの場合，形態的特徴を用いて記載されるので，以下に述べる程度の形態名称は知っておく必要がある．

昆虫の体はクチクルと呼ばれる堅い表皮の袋からなっており，それが大きく3つの部分にくびれて頭，胸，腹を形成する．また，それぞれの部分から突出したいくつかの付属肢をもつ（図2.21）．このように，体を堅い外被で支えている状態を外骨格という．頭部は1対の複眼，通常3個の単眼，1対の触角およびいろいろに形態分化した口器をもつ．胸部は前・中・後の3つの大きな環節からなり，各節に1対の脚，また中胸・後胸には通常1対の翅をもつ．腹部は基本的には11節よりなるが，第8環節以降は産卵管，把握器などの外部生殖器に変形し

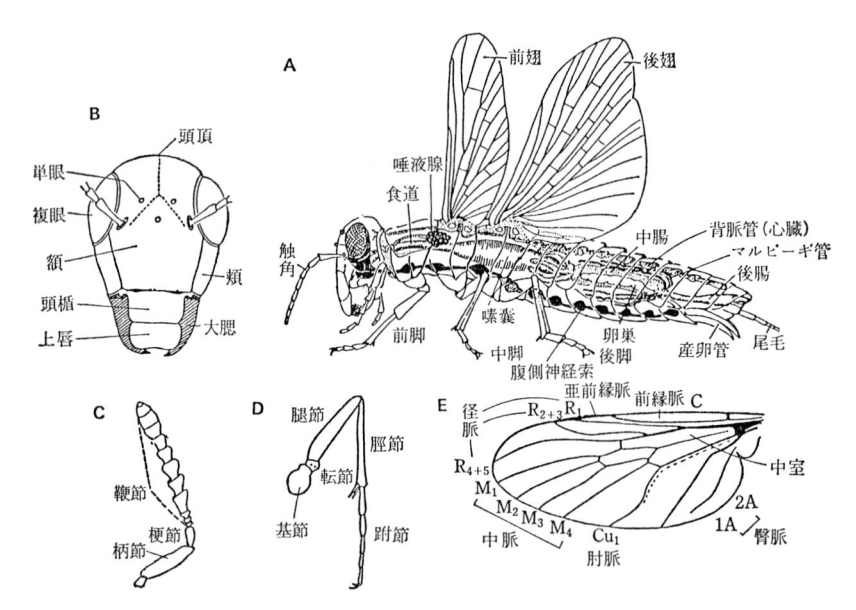

図2.21　成虫の形態（Richard and Davies, 1977）
A：全体，B：頭（正面），C：触角，D：脚，E：翅
（縦脈は大文字，横脈は小文字）．

ている．触角や脚はいくつかの環節に分かれ，翅は翅脈とそれに囲まれた室に分かれ，それぞれに名称がつけられている（図2.21）．

　昆虫の体内には脳および神経系，消化器官，呼吸・循環系器官，内分泌器官，生殖器官，体節や付属肢を動かす筋肉などが含まれる（図2.22）．頭・胸部には脳，側心体，アラタ体，食道下神経節，前胸腺などがあり，各種ホルモンを分泌する．また脳や神経節から神経系がのびており刺激の感受や伝達を行う．体の側面を気管が走り，各環節には基本的に1対の気門が開口している．昆虫は気門から酸素をとり込み，気管を通して各組織へ運ぶ．一方，昆虫の血液（血リンパ）は心臓に相当する背脈管の前端から流出して各組織に送り出されるが，高等動物のように血管をもたず開放系になっている．

　消化管は口部から前腸，中腸，後腸を経て肛門に至る．中腸と後腸の境近くにはマルピーギ管が開口しており，腎臓の役割を果たしている．雄成虫には精巣を中心とした雄生殖器があり，雌成虫には複数の卵巣小管を含む1対の卵巣を中心とした雌生殖器がある．このほか，消化を助ける唾液腺や吐糸性幼虫には絹糸腺などがみられる（図2.22）．

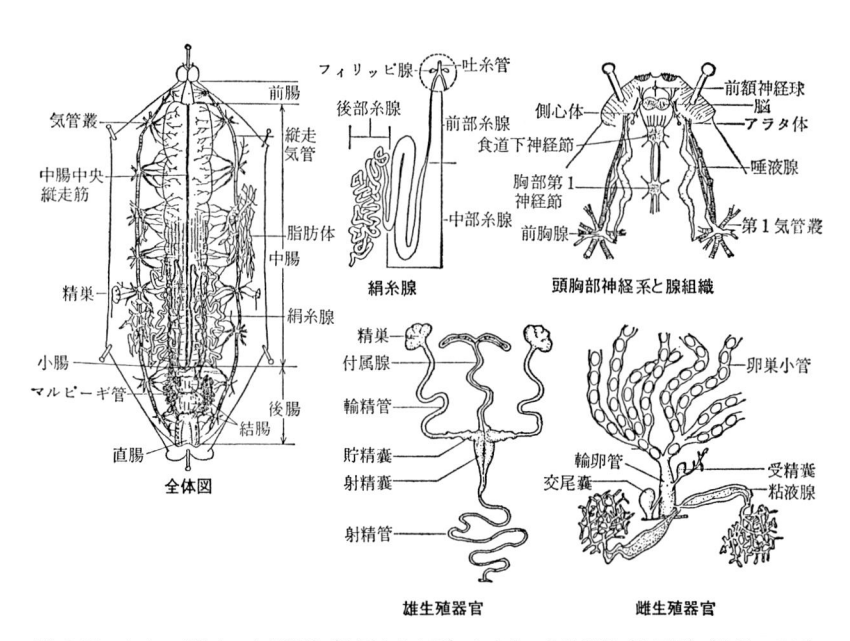

図 2.22　カイコガ幼虫の内部形態（左図と右上図）と成虫の生殖器官（右下図）（小林，1980）

c. 発育と休眠

昆虫は，卵，幼虫，蛹および成虫の4つの異なった発育ステージをもつ．幼虫期は何回かの脱皮を繰り返しながら発育する．卵から孵化し最初の脱皮をするまでの幼虫期を1齢，次を2齢などと呼ぶ．このように発育ステージを変えながら生長することを変態といい，上記のすべてのステージを経るものを完全変態，蛹期を欠くものを不完全変態という．卵から成虫までの一生を世代という．このように昆虫の一生に生じる発育ステージのサイクルを生活環と呼ぶ．昆虫の中には上記のような基本的な生活環のみを繰り返すのではなく季節的に変化する種もある．たとえばアブラムシ類は図2.23に示すような複雑な生活環をもっている．

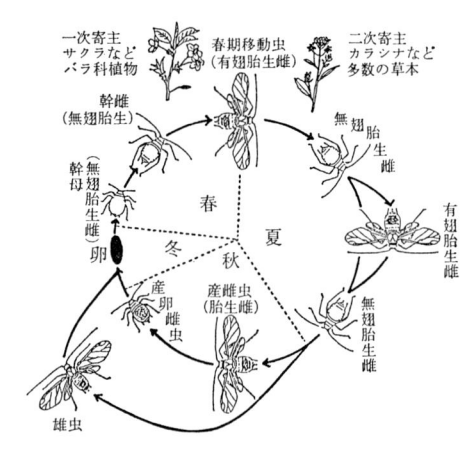

図2.23 モモアカアブラムシ *Myzus persicae* の生活環（河田和雄原図）
上記のような基本型のほかに多様な変異がみられる．

昆虫の脱皮は脳ホルモンの刺激により前胸腺から分泌されるホルモン（エクダイソン）が作用して促進される．一方，幼虫状態が維持されるように働くホルモンは幼若ホルモンと呼ばれ，アラタ体から分泌される．このようにエクダイソンと幼若ホルモンの共同作用により発育と変態が調節されている．また，幼若ホルモンは雌成虫の卵巣成熟にも関与する．

昆虫の発育程度は温度，湿度などの物理的条件，餌の質や量，他個体とのこみあいの程度などの生物的条件で異なるが，条件が一定のとき，種は固有の発育速度をもっている．発育速度（V）に最も影響が大きい要因は温度である．発育が阻害されるような高温や発育が停止するほどの低温にならない限り，温度（T）が高くなるほど発育日数（D）は短くなる．すなわち，発育速度（V; 発育日数の逆数）と温度の間には

$$V\left(=\frac{1}{D}\right)=\frac{1}{K}(T-t_0) \tag{2.1}$$

の関係が存在する．ただし，t_0 は発育零点，K は有効積算温度定数と呼ばれ，発育に必要な有効温量を表す．単位は日度である．K や t_0 の値は，異なったい

表 2.2 ヒメジャノメの有効積算温度計算例(中筋, 1978 より計算)

発育ステージ	V と T の関係	K	t_0
卵	$V=0.0141\,T-0.1510$[*1] ($r^2=0.978$)	70.9	10.7
幼虫	$V=0.0025\,T-0.0200$ ($r^2=0.968$)	400.0	8.0[*2]
蛹	$V=0.010\,T-0.119$ ($r^2=0.972$)	100.0	11.9

[*1]: $K=\dfrac{1}{0.0141}=70.9$, $t_0=\dfrac{0.1510}{0.0141}=10.7$.

[*2]: 30℃でやや発育の遅延がみられ,過少評価されたかもしれない.発育零点は全ステージの平均で10.3℃となる.また雌成虫の羽化から産卵中期までの期間が25℃で14日間であるので1世代に必要な有効積算温度は767日度となる.

くつかの温度段階で昆虫を飼育して得られた発育速度を温度に対してプロットしたときの回帰直線から得られる(表2.2).

温帯地域の昆虫には,低温で餌が得にくい冬季などに,ある発育ステージの発育を一時的に停止させ休眠に入るものが多い.なかには夏季の高温を避けるために夏眠するものもある.年1世代系統(1化性)のカイコが成虫は外的条件にかかわらず常に休眠卵を産み,卵で越冬する.このようなタイプを内因性の休眠という.年に複数世代を送る昆虫では,日長や温度など外的条件の変化に対応して休眠に入る.このようなタイプを外因性休眠という.休眠に関与する最も重要な外的条件は日長である.しかし,多くの昆虫で温度条件も休眠に関係することが知られている(図2.24).日長の長い季節に発育が進み,短い季節に休眠に入る昆虫を長日型,逆の場合を短日型と呼んで区別することもある.

休眠に入ること,すなわち休眠の誘起にはホルモンが関与しているが,詳しい機構は完全には解明されていない.休眠からさめることを覚醒という.休眠の覚醒には一定期間低温を経験することが必要である種が多い.このような種では,休眠ステージを人工的に低温にさらした後,加温することにより人為的に休眠覚醒させ発育させることができる.

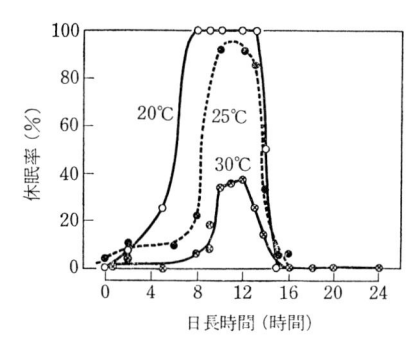

図 2.24 フタオビコヤガ幼虫の休眠と日長,温度の関係(岸野・佐藤, 1975)

d. 生活史と繁殖

　昆虫の発育は発育零点以上の温量の累積に従って進み，発育に不適な環境条件になると休眠または一時休止に入る．1つの地域をとると，上に述べた環境条件は毎年ほぼ一定しており，昆虫の発育のスケジュールも季節的に決まっている．このような発育の季節的スケジュールを生活史という（図2.25）．生活史を表現する方法には図2.25に示した方法のほかに，有効積算温度と日長との関係を用いた光温図がある（図2.26）．休眠が誘起される発育ステージに至る有効温量（日長の感受期には少し幅がある）と，休眠が誘起される日長（臨界日長）を光温図に記入しておき，それぞれの地域の有効温量と日長の季節的変化をプロットしていくと曲線が描かれる．この曲線から，各ステージの季節的発育スケジュールや世代数などが予測される．

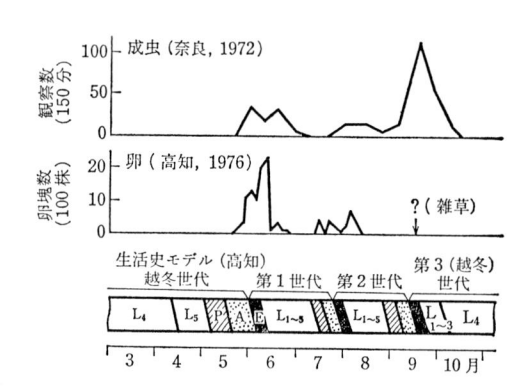

　昆虫が生存していくためには発育のスケジュールを季節的にうまく合わせてい

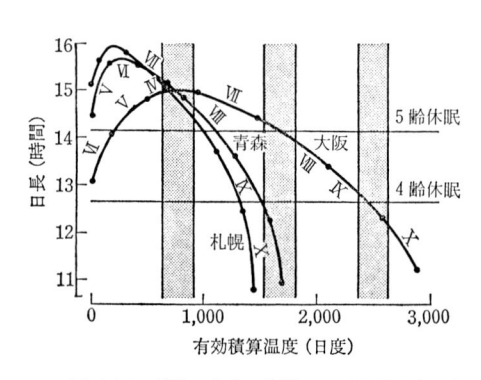

図 2.25　ヒメジャノメ生活史のモデルと実際の季節的消長の比較（中筋，1978）

図中のLは幼虫，Pは蛹，Aは成虫，Eは卵を示す．高知のヒメジャノメ *Mycalesis gotama* の卵から成虫産卵までの1世代有効積算温度は767日度（表2.2），幼虫は12時間30分以下の日長で4齢期に休眠に入る．これらの値を用いて生活史のモデルを計算した．

図 2.26　大阪，青森，札幌でのゴマダラチョウの世代数を予測する光温図（汐津，1977）

ローマ数字は月を表す．横線は4齢，5齢型の臨界日長，灰色部は休眠齢期に達する幼虫の発育のための有効温量を示す．ゴマダラチョウ *Hestina japonica* には，4齢と5齢で休眠に入る異なった2つの型の幼虫が存在する．大阪では，5齢型幼虫は8月上旬に休眠に入るが4齢型幼虫は発育を続け，9月下旬に休眠に入り，年2世代と3世代が混り合った生活史が営まれる．青森も同様の機構で5齢型が1世代，4齢型が2世代となる．ただし，4齢型の有効温量がぎりぎりであるので，大部分は5齢型になると予想される．札幌では，4齢型でも2世代は不可能であり，生活史は1世代の型のみであろう．

くことのほか，次世代に必要な子孫を残すための繁殖に成功しなければならない．繁殖は雌・雄成虫が交尾，産卵し，次世代を生み出す有性生殖が最も基本である．この場合，受精卵の中から性染色体の違いによって雌，雄が生じる倍数性と，膜翅目（ハチやアリ）などでみられる受精卵から雌，不受精卵から雄が生じる半・倍数性のように異なった性決定の機構がある．後者の場合，雌は母親の染色体の半分と父親の全部を受け継ぐが（倍数体），雄は母親の半分の染色体のみを受け継ぐ（半数体）．一方，図 2.23 に示した夏季のアブラムシ類や日本に侵入したイネミズゾウムシ *Lissorhoptrus oryzophilus*，クリタマバチ *Dryocosmus kuriphilus* などの昆虫は雌成虫のみしか存在せず，交尾をしないで雌卵（または幼虫）を産む．このような繁殖様式を単為生殖という．

昆虫の潜在的増殖能力は生理的寿命で決まる日齢ごとの生存率（生存曲線；l_x）と日齢ごとの産卵数の変化（産卵曲線；m_x）から計算される内的自然増殖率（r_m）によって示される（図 2.27）．内的自然増殖率は産卵数が多いと高くなるが，成虫が羽化後早く産卵を始める種で高くなる．生息場所が常に変化する環境では，急速に増殖できる（高い r_m）種の方が生存に有利であろう．他方，種によっては羽化後ゆっくり成熟し，少しずつ長期にわたって産卵する種もある．図 2.27 に示したオオコクヌストモドキ *Tribolium freemani* はその典型的な例である．

このような繁殖様式の違いは，それぞれの種がとっている生活史戦略の反映で

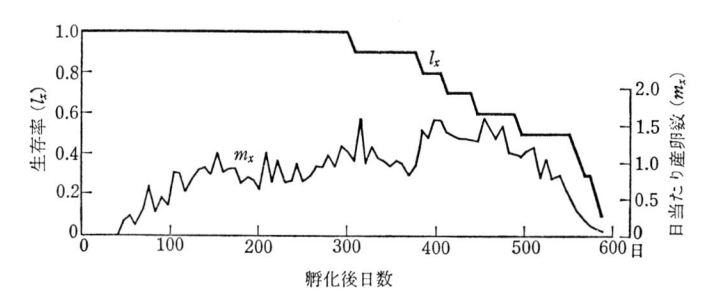

図 2.27 貯殻害虫オオコクヌストモドキの生存曲線（l_x）と産卵曲線（m_x）
(Matsumura & Yoshida, 1987)

このデータから個体群パラメータがつぎのように計算される．
純繁殖率 $R_0 = \sum l_x m_x = 407.3$
世代期間 $T = \sum x l_x m_x / R_0 = 305.6$ 日
内的自然増殖率（r_m）$\sum e^{-r_m x} l_x m_x = 1$ を解いて得られる．$r_m = 0.045$．
近似的に内的自然増殖率は $r_m = \ln R_0 / T = 0.020$ で得られるが，この例のように成虫の寿命が長く，かつ長期に産卵しつづける場合は近似式で求めた r_m の誤差は大きくなる．

ある.

e. 行　動

多くの昆虫の成虫は翅をもち飛翔することができる．飛翔は餌や産卵場所を得るためのほか，交尾相手を探索するために重要な役割を果たす．このような日常的諸要求のために生息場所内を動きまわる飛翔を日常的飛翔という．生息場所内の生存のために必要な資源が量的に少なくなったり質が変化したりすると他の生息場所を探してそこに移る．このような方向的で離れた場所への飛翔を移動という．

ある場所で増殖しつづけると，個体数が多くなりこみ合い状態になる．その影響で食物の質・量など生息場所の環境も悪化する．このような条件下では他の生息場所への移動が必要になるが，昆虫によっては飛翔活動性の高い移動型個体が生み出されるものがある．トノサマバッタ Locusta migratria やサバクトビバッタ Schistocerca gregaria でみられる相変異がそれである．これらのバッタは低密度下では小型で翅がやや短く，淡色で活動性の低い孤独相が普通である．高密度状態が続くと大型で翅が長く，暗色で活発な群生相がつくられ大群をなして移動する（図2.28）．アブラムシ類やウンカ類にも似た現象がみられ，低密度下では無翅または短翅型成虫が，高密度下では有翅または長翅型成虫がそれぞれ出現し，後者が移動する．昆虫は，環境条件が悪化したとき，時間的には休眠で，空間的には移動で回避しようとし，そのどちらをとるかは種の生活史戦略の一環として決まっている．

幼虫の動きや成虫の飛翔は，何らかの刺激に反応して行われる．行動をひき起こす刺激が存在するとき，単に活動性を高めるだけで刺激の方向に定位しない場

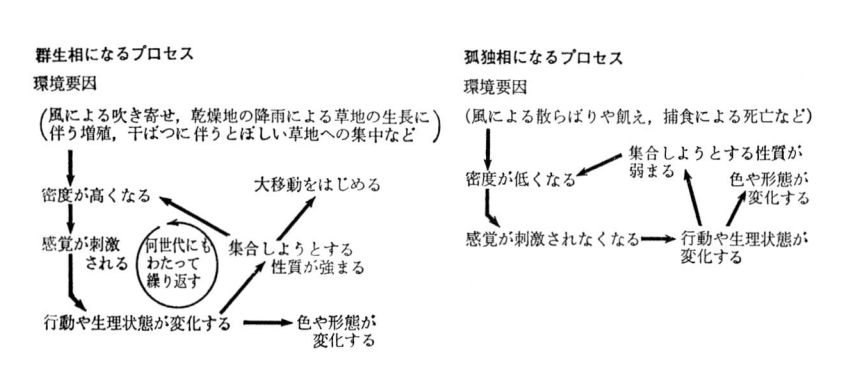

図 2.28　バッタ類の相変異形成のプロセス（田中，1983）

合を無定位運動性（キネシス）といい，刺激の方向に反応する行動を走性（タキシス）という．害虫の発生予察に予察灯がよく用いられるが，これは害虫の走光性を利用したものである．

昆虫の繁殖のためには雌・雄成虫が広い空間の中で互いに遭遇し合わなければならない．この間の交信の手段に化学物質や光・色など視覚信号，摩擦音や振動音など聴覚信号などが用いられる．異性間の交信のために用いられる化学物質を性フェロモンと呼ぶ．フェロモンは両性間の交信以外にも，同種の他個体間で集合を促したり，アリが餌場所へ仲間を導いたり，敵の攻撃を仲間に知らせたりするときにも用いられる．それらは，集合フェロモン，道しるべフェロモン，警戒フェロモンなどと呼ばれる．フェロモンは時には他種の個体に対しても有効に働く場合がある．このうち相手の種に対して不利に，自種に有利な働きをもつ防衛物質などをアロモンという．寄生性天敵などが寄主の出すフェロモンを利用して探索するとき，放出する寄主にとっては不利になる．このような場合のフェロモンをカイロモンと呼ぶ．異性間の光交信はホタル類で，また音による交信はセミ類などでみられる．イネ害虫として重要なウンカ・ヨコバイ類は，腹部振動をイネに伝えて異性間で交信をする．

f. 集団の生態

これまで述べてきたことは主として個体のもつ性質が中心であったが，生物が集団として生活するとき，集団に特有の性質を示す．地域的にまとまりのある一種の生物集団を個体群，餌となる生物，競争種，天敵などの他種との関係を含む集団を群集という．また，土壌，水，大気など物理的環境も含めた森林，草原，農地などを全体のまとまりとして扱うとき，これを生態系という．

個体群は日常的に相互に交雑可能な個体の集まりである．その地域にすむ全個体数を個体群サイズ，単位面積当たり（たとえば1 m^2 当たり）の個体数を密度という．個体群サイズ（N）は，出生率および移入率と，死亡率および移出率の差で変動する．いま移出入がないとし，出生率（b）と死亡率（d）の差を増殖率 $r(=b-d)$ とすると，個体数の瞬間の変化率は $dN/dt = rN$ となり，積分すると

$$N_t = N_0 e^{rt} \quad (2.2)$$

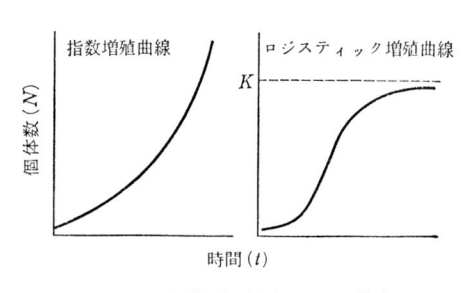

図 2.29 個体群の増殖の2つの様式

と書ける．ただし，N_0 は最初の個体数，e は自然対数の底，t は時間である．利用できる資源に制限がないとき，個体数は式（2.2）に従って等比級数的に増える（図 2.29）．式（2.2）のような増殖を指数増殖という．

一般に利用可能な資源や空間には限界がある．そこで，利用可能な資源を全部使ったときに増加しうる最大個体数を環境収容力（K）とすると，個体群の増殖率（r）は，環境収容力と今の個体数の差が縮まるに従って低下すると考えられる．そのような場合の個体数の変化率は

$$dN/dt = rN(1-N/K)$$

積分すると

$$N_t = K/1 + e^{a-rt} \qquad (2.3)$$

となる．ただし，a は定数である．式（2.3）のような増殖をロジスティック増殖という（図 2.29）．

自然界では資源量が時間的に変化したり，天敵が働いたりして個体数の時間的変動曲線（個体群動態という）は波打ったものになる．このような自然界での複雑な個体数変動も密度の高いときには大きな死亡率となり，密度が低くなると死亡率も小さくなるような生物学的自己調節機構により調節されており，長期的にみればある平衡密度を中心に変動していると考える学説（生物学説）が出されている．一方，個体数変動はおもに気候要因などの不確定な非生物学的要因で変動しているにすぎないとする気候学説も出されて，両者で長い間論争がなされた．4章に述べる天敵を用いた生物的防除は生物学派の考え方に基礎をおいている．

野外の昆虫個体群の変動要因を調べるため生命表作製という研究手法がとられる．生命表は昆虫の発育ステージ別の個体数と各ステージに働く死亡要因別死亡個体数を一覧表にしたものである．生命表を年次または場所を違えて作製し，各死亡要因の働き方が個体数の変動にどのように影響を与えるかを分析する．生命表で得られた情報は害虫の発生予察や防除の計画をたてるときの基礎になる．

群集は，生産者（植物），第一次消費者（植食者），第二次消費者（肉食者）などの異なった栄養レベル間の縦の関係すなわち食物連鎖と，同じ栄養レベルの生物間の競争という横の網目状の種間関係によって成り立っている．森林などの植物の遷移が進んだ自然生態系は，単一の作物が栽培されている農地より複雑な群集をもっている．群集の種構成の複雑さは多様度といわれる．100 匹の昆虫がいるとき，それらが 1 種のみで構成されているとき多様度は最も低く，100 種が 1 匹ずつのとき最も高い．

多様度を表す指数として，シャノン・ウィバー関数（H'）がよく用いられる．i番目の種の個体数をn_i，全種の合計個体数をNとすると，その比$p_i=n_i/N$を用いて，H'は下記のように計算される．

$$H'=-\sum p_i\log_2 p_i$$

H'は正の値をとり，値が大きいほど多様度が高い．

　植物と植食性昆虫は相互に影響を及ぼしあいながら進化してきた．植物は昆虫の加害から身を守るために防衛機構を発達させ，昆虫はそれを打ち破るための攻撃能力を獲得したと考えられている．このような相互進化を共進化という．たとえば，植物の中には昆虫に有害なフェノール化合物やアルカロイドなどの化学物質をもっている．一方，これらを食べることができる昆虫は化合物を解毒する能力をもっている．植物を害虫から防衛するこれらの遺伝的機構を作物に導入できれば害虫に対する抵抗性品種をつくり出すことに役立つし，植物の有毒化合物に対する昆虫の攻撃適応は，害虫が殺虫剤抵抗性を発達させる機構と共通のものであると考えられ，共進化機構の解明は植物保護技術の発展に重要な役割を果たすと思われる．最近，植食昆虫に加害された植物が出す物質が，植食昆虫の天敵を誘引することも明らかにされつつある．

　昆虫と天敵の関係は餌動物-捕食者系といわれ，理論的にも，生物的防除などで実用的にもよく研究されている．昆虫の天敵には捕食者，捕食寄生者，微生物天敵がある．

2.3　雑　　　草

　雑草防除において最大の効果をあげるには，まず雑草の生物学，特に生理・生態学的特性を知ることが大切である．この点に関して，雑草生態学の意義が強調され，雑草生物学の重要性が指摘された．

a．種　　類

1) 植物学的分類　　科（family）—属（genus）—種（species）—亜種（subspecies）—変種（variety）を用いる．

2) 発生期による類別　　雑草の発生期は種類によって決まっていて，季節的な周期性がみられる．耕地雑草は発生期により3型に大別される（表2.3）．

3) 土壌水湿適応性による類別　　雑草の発生・生育に好適な土壌湿度は，雑草の種類によって異なる．発生・生育の土壌湿度に対する適応性の違いにより，耕地雑草は次の3型に大別される．

表 2.3 発生期による耕地雑草の類別基準とその実例(荒井ら，1951 より作成)

類別		発生始期	発生盛期	発生終期	水田強害草	畑強害草
冬雑草		9～10月	11～12月	2～3月	スズメノテッポウ	ギシギシ，ヨモギ，オオジシバリ
夏雑草	(早)	3	4	5	アゼムシロ	カラスビシャク，イヌタデ，ヒルガオ
	(晩)	4～5	5～7	7～8	イヌビエ，タマガヤツリ	メヒシバ，イヌビユ，トキンソウ

① 水生雑草：湛水条件下で発生が多くみられる雑草（アゼナ *Lindernia pyxidaria*，コナギ *Monochoria vaginalis*）

② 湿生雑草：湿潤な条件下で発生が多くみられる雑草（スズメノテッポウ *Alopecurus aequalis*，タイヌビエ *Echinochlora oryzicola*）

③ 乾生雑草：乾燥条件下で発生が多くみられる雑草（イヌタデ *Polygonum longisetum*，メヒシバ *Digitaria adscendens*）

4) 生活型による類別 生活型（形）とは植物が生育する環境（特に気候）に調和して形や機能を変えていく性質（生活様式）に基づく類型をいい，一般的には水，温度，光，土壌などの微小な変化に対して適応したものである．生活型の区分には形態的な適応を重くみたもの（ラウンケア Raunkiaer の生活型，1934 など）と生理的な適応を重視したものがある．ラウンケアの生活型は，不良環境（寒冷や乾燥）時における自己の生命やその子孫の保護状態（冬芽の位置，休眠型（形））に基づいて類別を行ったものである（図 2.30）．

それによると，地表植物（Ch）はカタバミ *Oxalis corniculata*，シロツメクサ *Trifolium repens* のように冬芽が地上 25 cm 以下の地表にあり，植物体自体に

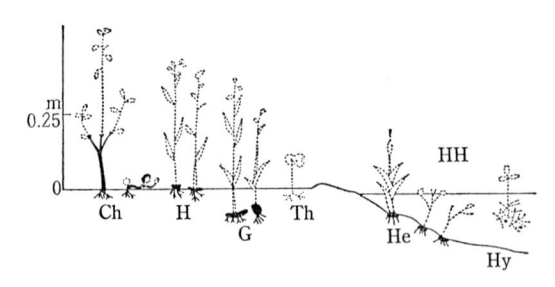

図 2.30 陸上植物のラウンケアの生活型（説明は本文参照）
点線部は環境不適期に枯れる部分．

よって保護されている．半地中植物（H）はタンポポ *Taraxacum* spp., スミレ *Viola mandshurica* のように冬芽が地表面直下に形成され，土または植物遺体で保護されている．地（土）中植物（G）はヤブカラシ *Cayratia japonica*, イタドリ *Polygonum cuspidatum* のように冬芽が地中にあり，土によって保護されている．夏生一年生植物である Th はメヒシバ，イヌタデのように一年間のある時期を種子として生存する．水湿植物（HH）はセリ *Oenanthe javanica*, オモダカ *Sagittaria trifolia* のように，冬芽は過湿地の地中（He；湿地植物）あるいは水中（Hy；水生植物，ウキクサ *Spirodela polyrhiza*, アオミドロ *Spirogyra arcla* なども含む）に形成され保護されている．

5) 光反応性による類別 植物は日長に反応して花芽を形成するが，この面から植物は短日植物，長日植物および中性植物に分けられる．長日植物は春に，短日植物は晩夏から秋に開花する傾向があるので，冬雑草には前者が，夏雑草には後者が多い．しかし，雑草には絶対的に長日，あるいは短日の植物であるというものはきわめて少ない．

植物種間に見られるように，雑草でも C_3 タイプや C_4 タイプがある．数多くの作物種と雑草種は，CO_2 補償点，光呼吸の程度，C_4 回路の有無によって「効率的」と「非効率的」の2つのカテゴリーに分けられ，競合的な多くの雑草種は「効率的」グループに入るとされている．

6) 繁殖法による類別 種子繁殖（多くの一年生雑草），栄養繁殖（カラスビシャク *Pinellia ternata*, ヒルガオ *Calystegia japonica* などの多年生雑草に多い），種子・栄養両繁殖（メヒシバ，イボクサ *Aneilema keisak*, ジシバリ *Ixeris* spp. など）に大別される．

7) 防除の実用面からの類別 防除上の視点から雑草を類別すると，表2.4 のとおりである．

耕地雑草はおもに水生または半水生の水田雑草と畑に生える畑地雑草とに分けられる．水田裏作の雑草のうち乾田に侵入するものは畑地雑草と共通である．ま

表 2.4 実際防除の面からの雑草の類別
（植木・松中，1974 より作成）

水田雑草	
一年生雑草：	広葉雑草，カヤツリグサ科雑草，イネ科雑草
多年生雑草：	広葉雑草，カヤツリグサ科雑草，イネ科雑草，その他
浮遊性雑草：	ウキクサ類など
藻　類：	アオミドロなど
畑夏作雑草	
一年生雑草：	広葉雑草，カヤツリグサ科雑草，イネ科雑草
多年生雑草：	広葉雑草，カヤツリグサ科雑草，イネ科雑草，その他
冬作（畑作・水田裏作）雑草	
一年生雑草：	広葉雑草，イネ科雑草
多年生雑草：	広葉雑草，イネ科雑草，その他

図 2.31 水田の強害草（笠原安夫，1974 より作成）
1：セリ，2：オモダカ，3：タイヌビエ，
4：コナギ，5：イボクサ，6：マツバイ．

た果樹園，茶園などに生えるものを樹園地雑草と呼ぶが，これは普通畑雑草と共通するものが多い．耕地雑草はほとんどが一年生であり，樹園地など耕転回数の少ない耕地では多年生雑草の割合が高くなる．

わが国における水田雑草には，夏生一年生のヒエ類やカヤツリグサ，多年生のマツバイ Eleocharis acicularis などが全国的に多い（図 2.31）．近年，除草剤の普及や休耕田の増加により，除草剤では防除困難な多年生の雑草が増える傾向にある．

畑地雑草の種類は土壌条件や作付けられる植物の種類，作付け時期によって大きく異なるが，夏生一年生のメヒシバ，冬生一年生のナズナ Capsella bursa-pastoris，多年生のヨモギ Artemisia princeps などが普通にみられる（図 2.32）．水田裏作の麦圃ではスズメノテッポウが優占種である．ジャガイモ圃では小麦圃とほぼ同様であるが，タデ類，ナズナが比較的多くなる．樹園地では普通畑の多年生雑草であるスギナのほかに，新しくカラスビシャク，カタバミが優占種として登場する．それ以外は通常の畑と同様である．

芝地・道路・鉄道敷などの非耕地雑草には，カタバミ，ハマスゲ Cyperus rotundus，スギナ Equisetum arvennse，チガヤ Imperata sp.，ギシギシ Rumex sp. が多い（図 2.33）．

2.3 雑　　草　　　　　　　　　　47

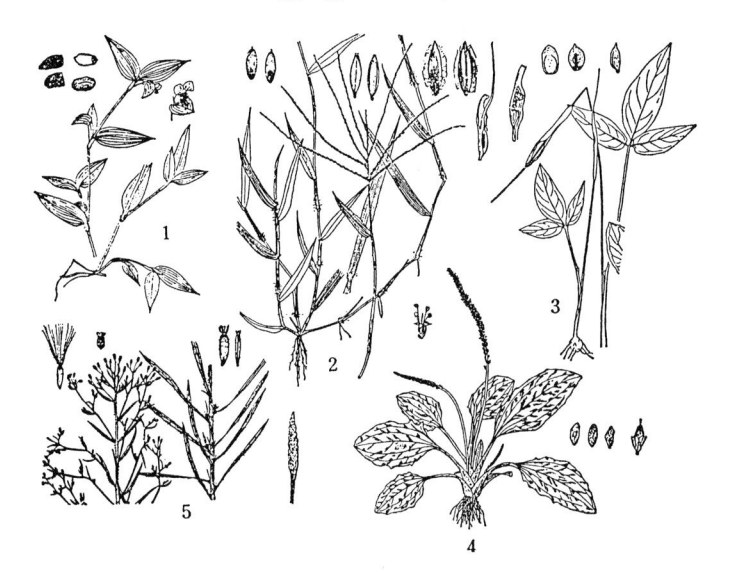

図 2.32　畑・樹園地の強害草（笠原安夫，1974 より作成）
1：ツユクサ，2：メヒシバ，3：カラスビシャク，
4：オオバコ，5：ヒメムカシヨモギ．

図 2.33　芝地・道路・鉄道敷の強害草（伊藤操子，1993；笠原安夫，1974 より作成）
1：カタバミ，2：ハマスゲ，3：スギナ，4：チガヤ，5：ギシギシ．

b. 生理・生態
1) 個体の特性

i) 休眠性： 雑草の種子は外部の環境条件が好適であっても，成熟後数か月にわたって発芽しないものが多い（一次休眠）．これは，主として遺伝的な特性に基づいていて，種皮が硬く水分吸収とガス交換が行われないこと，胚の生理的未熟，発芽抑制物質の存在などが知られている．マメ科小粒種（シロツメクサなど）にみられるような種子の不透水性による休眠種子を硬実という．硬実性は遺伝的なものであるが，気象条件などによってもその出現頻度は異なる．

種子が一次休眠からさめても，酸素，水分，温度，光などの環境条件が不適当な場合には発芽することはない（環境休眠）．また，一度休眠からさめた種子でも，発芽に不適な環境にあい再び休眠に入る場合がある（第二次休眠）*．この第二次休眠を誘発する要因には，高濃度二酸化炭素，酸素欠乏，高温，低温，発芽に不適な光条件などが知られている．なお，クログワイ *Eleocharis kuroguwai* やハマスゲのような多年生雑草の栄養器官や繁殖分体にも休眠性がみられる．

* タイヌビエ，スズメノテッポウでは，湛水下の高二酸化炭素下で二次休眠が誘発される．また，土壌深層部に入り込んだ種子は第二次休眠に入りやすいといえる．

硬実種子は土中で数年〜数十年も生存している場合があるが，自然界では低温，高温，光，酸素濃度，乾燥などが関係して休眠の覚醒が起こる．また，人為的に種皮に傷をつけたり，吸水種子に低温，高温，変温，凍結，露光などの処理やチオ尿素などの化学薬品による浸漬処理を行うと，休眠は打破される．乾燥処理が休眠打破に有効な場合もある．

ii) 発芽（萌芽）： 種子の発芽または塊茎の萌芽には，水分，酸素ならびに温度が必要である．大部分の草種の発芽適温は 10〜20℃ で，スズメノテッポウやハコベ *Stellaria* spp. は適応温度幅も大きく，それらの広い分布範囲と一致している．一方，限られた時期あるいは局地的に分布するカズノコグサ *Beckmannia syzigachne*，ヤエムグラ *Galium spurium* は 10℃，タネツケバナ *Cardamine flexuosa* は 20℃ と限られた範囲の発芽温度を示す．一般に変温によって発芽が促進される場合が多い．

多くの雑草種子は光発芽種子である．また無酸素状態では種子は正常な発芽を示さないといわれており，発芽に対する酸素必要量は雑草の種類によって異なる．

iii) 発生・生育： 発芽後幼芽の伸長に適する条件であると，雑草は土壌表

面に出芽してくる．これを発生と呼ぶ．発生期は雑草の種類によって決まっていて，季節的な周期性がみられる．前述のように，耕地雑草は発生期により3型に大別できる（表2.3参照）．雑草の発生期間は比較的長い．これは耕地に多種類の雑草種子が生存していて，耕起などの農作業によっていろいろな時期に発生の好適条件下に置かれることになるからである．

前述（p.43）のように，発生に好適な土壌湿度は雑草の種類によって異なる．このような雑草の適応性の差異は，主として水と酸素に対する要求度の違いによると考えられる．また生育過程で耐湿性*や耐乾性に差があることも，雑草の土壌湿度に対する適応性差異の一因となる．水生雑草でも，水深があるほど発生が良好なもの（ミゾハコベ Elatine triandra），やや抑制されるもの（キカシグサ Rotala indica，コナギ），著しく抑制されるもの（カヤツリグサ Cyperus microiria，ノビエ）がある．しかし，一般に水生雑草は深水下で発生が良好になるが，この場合，湿生雑草では著しく抑制される．これは水中の酸素量と雑草の炭酸同化機能などの違いによるとされている．

 * 茎葉から根への通気系が発達しているものは，耐湿性が大きい．

雑草の種子の発生に適した深度を発生深度という（表2.5）．一般に小粒種（タマガヤツリ Cyperus difformis，ヒデリコ Fimbristylis miliacea）や光発芽種子は，大粒種（ノビエ，メヒシバ）に比べて発生深度が浅い．このような発生深度の差異は，発芽に必要な光，酸素の量などの違い，種子の大小，幼芽や子葉の形態に関連して，幼芽が土を貫通し出芽してくる力の差によるものと考えられている．したがって，同一種の雑草でも，土壌条件（温度，水分*，固さなど）によって発生深度が異なることになる．

表 2.5 各種雑草の発生深度（高林・中山，1979を一部改変）

雑　草　名	最高深度 (cm)
ヒメイヌビエ，カモジグサ，ツユクサ，タデ類，ヤエムグラ	8〜10
メヒシバ，クワクサ，オオイヌタデ，シロザ，エノキグサ	3〜5
カヤツリグサ，スベリヒユ，ツメクサ，タネツケバナ	2

なお，多年生雑草の最高深度（cm）について，
 ミズガヤツリ…湛水下　<1　（二瓶，1976）．
 ミズガヤツリ…畑状態　20　（谷浦，1970；山岸，1974, 1979）．
 ウリカワ………代かき湛水下　約10　（草薙，1984）．

 * タイヌビエ：湿潤下で4〜5cm，湛水下で約1cm．

雑草の自然発生の季節的消長は，気温の変化と密接に関係しており，土壌温度も雑草の発生時期を支配する要因になる．この場合，土壌温度の影響はそのとき

の土壌水分とも関連して現れ，発芽適温の湛水土では土の還元の進行が速く，発芽は良好でも幼芽の土中伸長が抑えられ，発芽種子の発生率は比較的低い．逆に低温の湛水土では，発芽・幼芽の伸長・発生は遅い．また土の還元の進行も遅いので，発芽種子の発生率は適温・湛水土の場合よりかえって高くなる．

　土壌の肥沃度によっても発生雑草の種類が異なる．たとえば，メヒシバ，スズメノテッポウおよびヤエムグラでは，窒素の要求量が3要素中で最も大きく，比較的肥沃な所に分布している．一方，オニタビラコ Youngia japonica，アゼナ，クログワイは，窒素欠乏に強くやせた所によく生育する．ヒメスイバ Rumex acetosella，スギナ，オオバコ Plantago asiatica はカルシウムの少ない酸性土壌を好み，ナズナ，オオイヌノフグリ Veronica persica はカルシウムが多い中性～弱アルカリ性土壌に生育する．サナエタデ Polygonum lapathifolium は窒素，カリの欠乏に弱いが，リン欠乏には強い．スズメノテッポウ，ノミノフスマ Stellaria alsine はリン欠乏に著しく弱い．

　土壌 pH と雑草の生育の関係について，スズメノテッポウでは pH 4～6 の酸性でよく，ハコベは 5～7 の中性近くでよく，ヒルムシロ Potamogeton distinctus は 6.5～7.7 の中性～弱アルカリ性で生育がよい．これらの好適 pH の幅は比較的狭く，土壌 pH の指標植物とさえなる．メヒシバの最適 pH は 6～7 にあるが，広い範囲（pH 4.5～8.1）で生育する．

　雑草の生育と光線については，わが国ではスズメノテッポウ，メヒシバ，ヤエムグラ，マツバイ，ヨモギなどで調べられている．一般に遮光は生育・登熟などに悪い影響を与える．雑草の生育を抑制する光質も知られている．

iv) 登熟・寿命：　雑草の開花・成熟の期間はきわめて長く，日長と温度の支配を受ける．同一種の雑草では早く発生したものほど栄養生長の期間が長く，遅く発生したものほど短い．雑草は栄養生長の期間がかなり短くても結実できる．発生から結実に至る日数は，スベリヒユ Portulaca oleracea で 20～25 日，イヌビユ Amaranthus lividus で 25～30 日，メヒシバでは 30～40 日，ヒメムカシヨモギ Erigeron canadensis で 120～180 日である．一般に雑草の種子は開花後 10～20 日で発芽力をもつ．

　雑草の種子は小粒*なものが多く，小粒なものは千粒重が約 0.04 g（アゼナでは 0.005 g 前後）である．大粒のものでも 7～8 g にすぎず，通常は 0.1～0.4 g 内外である（表 2.6）．種子生産量はきわめて多い（表 2.7）．1株の種子数が少ないもので 1,000 粒前後，多いものでは数十万粒，通常は 3～4 万粒である．こ

表 2.6 耕地雑草の種子千粒重(笠原, 1974 より作成)

雑草名	種子千粒重(mg)	雑草名	種子千粒重(mg)
水田雑草		**水田・畑共通雑草**	
アゼナ	5.5	コゴメガヤツリ	113
アブノメ	2.3	ヒデリコ	39
キカシグサ	14	ヒメタイヌビエ	1,050
コナギ	128	タイヌビエ	3,910
イボクサ	2,800	**冬作(畑・水田裏作)雑草**	
タマガヤツリ	23	コオニタビラコ	184
畑雑草		ヤエムグラ	2,950
ヨモギ	116	タネツケバナ	94
スベリヒユ	74	ナズナ	47
ザクロソウ	31	ノミノフスマ	110
イヌビユ	304	ウシハコベ	250
イヌタデ	2,130	コハコベ	320
ハルタデ	2,220	スズメノテッポウ	240
メヒシバ	620		
オヒシバ	1,357		

のように，雑草は種子生産量が多いので，普通の除草を行っていても，水田や畑地で10a当たり数百万～数千万粒もの種子が落下することは，決してまれでない．種子生産量は株の生育，光の強さと密接な関係がある．

* 作物の種子は比較的小粒のナタネの場合でも 3～4 g/千粒重である．

表 2.7 雑草の 1 株平均種実数(Salisbury, 1961)

雑草名	種実別	平均種実数/株
ノボロギク	菊果	1,000～1,200
コハコベ	種子	2,200～2,700
ナズナ	〃	3,500～4,000
オオバコ*	〃	13,000～15,000
ヒナゲシ	〃	14,000～19,500
オニノゲシ	菊果	21,500～25,000
コゴメバオトギリ*	種子	26,000～34,000
イズハハコ属雑草	菊果	38,000～60,000
イグサ属雑草*	種子	200,000～234,000

* 多年生．

多年生雑草の栄養器官には，根茎，塊茎，球茎，鱗茎などがある．これらの器官を形成する時期は，雑草の種類によっておよそ決まっている(ムラサキカタバミ *Oxalis corymbosa* の鱗茎：夏，クログワイ・ミズガヤツリ *Cyperus serotinus* の塊茎：秋)．栄養器官の形成数は一年生雑草の種子生産数に比べて少ない（ムラサキカタバミ：数十個，ミズガヤツリ：数百個）が，その繁殖力は決して小さくはない．

雑草種子の寿命は一般に長く*，雑草の種類（表2.8）により，また種子の外

表 2.8 畑雑草種子の土中における生存年限の比較(高林・中山, 1978を一部改変)

生存年限	草種名	備考
長	カヤツリグサ, ツユクサ, シロザ	4年半後でも大部分が生存
中	エノキグサ	4年半後で半減
短	オオイヌタデ, スベリヒユ, イヌビエ	4年半後で大部分が死滅
極短	メヒシバ, ヒメイヌビエ, クワクサ	2年4か月後で大部分が死滅

的環境条件によって大きく異なる。種子の種類による寿命の違いは、種皮の硬さ、微生物分解に対する抵抗性、低い酸素濃度に対する抵抗性、第二次休眠性、発芽の難易性などと関係がある。たとえば、タイヌビエの種子は一次休眠からさめ、発芽できる温度になるまでの期間にかなり死滅するといわれている。しかし、二次休眠に入れば、それだけ寿命が延びることになる。

  * メマツヨイグサ *Oenothera biennis*, ナガバギシギシ *Rumex crispus*, *Verbascum blattaria* の種子は、1960年の時点で80年の寿命を保持していたという (Darlington and Steinbauer, 1961)。

また、スズメノテッポウでは半湿田で翌年まで残る種子数は多いが、乾田では大部分の種子がその年の秋に発生または死滅する。土中で発芽が困難な種子(ノハラガラシ *Sinapis arvensis*)は寿命が長いので、土中の種子の発芽特性が種子の寿命に及ぼす要因として最も重要なものと考えられる。一般に土壌の深層ほど種子は発芽に不適な条件にあるから、深層の種子は寿命が長い。一方、表層の種子は発芽に好適な条件にあって寿命は短い。

v) 再生力・伝播: セイヨウトゲアザミ *Cirisium arvense* の直径 2～4 mm の太根は、長さ 4 mm でも再生する場合があるという。多年生雑草(コヒルガオ *Calystegia hederacea* など)はもちろん、一年生雑草(ハコベ、スズメノテッポウ、メヒシバ、ツユクサ *Commelina communis*)でも茎の1節から再生することができる。アゼナ、アブノメ *Dopatrium junceum* などは1葉片から根と芽を生じる。しかし、コゴメガヤツリ *Cyperus iria* のように、再生力が弱いものもある。このように、再生力は雑草の種類によって異なり、また同じ種類の雑草でも、生育時期、切断の長さなどによって違ってくるので、中耕をはじめ各種の防除作業を実施する場合、注意しなければならない。

繁殖様式には、繁殖体が種子だけの場合、種子と栄養器官の両方の場合、およ

び栄養器官のみの場合がある (p.45 参照). 多年生雑草は, 葡匐茎（ジシバリ），根茎（ヨモギ），塊茎（ハマスゲ），球茎（カラスビシャク），鱗茎（ムラサキカタバミ）などにより繁殖するが，種子繁殖の比率が高いもの（セイヨウタンポポ *Taraxacum officinale*）もあり，多年生雑草の多くは種子繁殖をも行う.

雑草種子の多くはそのまま水田や畑の土壌中に残るが，一部は農作業などに伴ってほかの土地へ運ばれていく．繁殖体が運ばれることを伝播というが，伝播の方法として特別の形態をもつものがある．これは散布器官型と呼ばれる．水によって運ばれやすかったり，人・動物に付着して運ばれるものもある．そのほかに，未熟な堆・きゅう肥や作物の種子に混じったり，農機具などに付着して伝播されるものもある．また最近では輸送網の発達に伴って，雑草（ススキ *Miscanthus sinensis*，クズ *Pueraria lobata*，セイタカアワダチソウ *Solidago altissima* など）が自動車道路沿いに広がっていくこともよく見受けられる．

セイタカアワダチソウは帰化植物として戦後問題になった．近年，農業用水路や溜池で，ホテイアオイ *Eichhornia crassipes* やキシュウスズメノヒエ *Paspalum distichum* が大発生し，新たな水生雑草問題を生み出している．帰化植物は最初に港（空港），各種研究機関（植物園など），牧場，養鶏場，鉄道の輸送貨物の集積所付近などに侵入し，一定期間を経た後爆発的に増える．

2) 群落の特性

i) 群落の成立: 雑草は"すみわけ"と"競争"により特有の群落を形成している．同一種内でも，ヤエムグラとスズメノテッポウは水田型と畑地型という生態型によりすみわけている．このような群落や集団内の雑草の変異をあらかじめ調べておくことは，生態的防除法を確立するために有益なことである．

ii) 群落の変動: 耕地では，各季節に1種の作物あるいは植物と生活が同じ数種以上の雑草で群落を形成している．この群落はその立地条件や管理作業，とりわけ雑草防除作業の影響を強く受けながら，経時的に変遷している．この場合，繁殖能力の高いものが優占雑草になっている．

1960年代の後半から，稲作の省力化・低コスト化が進むなかで，水田で多年生雑草が急増しはじめた．そこで，まず主要な多年生雑草の繁殖器官の特性が明らかにされた（表2.9）．つぎに，これらの研究は，土を乾燥状態にして反転耕を行うと，繁殖器官が死滅しやすいという多年生雑草防除への新しい道を開いた．

未熟畑では多年草が優占し，耕種作業の繰り返しにより一年生の小型種を中心

表 2.9 水田主要多年生雑草の増殖型・繁殖器官の特性

増殖型	雑草名	生育型・形状	繁殖器官（太字は水田における主たる繁殖器官）		栄養繁 直径 (cm) (*長さ)	1個重 (mg)
親株型（単立植物）	オモダカ	ロゼット型（根出葉叢生）	**塊茎**	種子	0.5～1.5	540
	ヘラオモダカ		**種子**	株基部（不定芽）	—	—
	イヌホタルイ	叢生型（花茎）	**種子**	株基部（塊茎）	—	—
分株型（根茎植物）	ウリカワ	ロゼット型	**塊茎**	種子	0.3～0.6	75
	ミズガヤツリ	直立型（単生）	**塊茎**	種子 株基部	1.0～3.5*	250
	コウキヤガラ				0.6～1.2	—
	クログワイ	叢生型	**塊茎**	株基部	0.7～1.3	830
	ヒルムシロ	分枝型（浮水葉）	**鱗茎**	種子	0.5～4.0	710
匍匐型（匍匐茎植物）	セリ	匍匐分枝型	**匍匐茎**	根茎	0.2～0.5	—
	キシュウスズメノヒエ			種子	0.2～0.3	—

にした熟畑群落に変わっていく．また，未開墾地には地中植物，半地中植物で風散布型の種子をつくるものが多いが，熟畑化につれて特別なしかけを持たない散布型の種子の一年草が優占化するようになる．一方，熟畑放棄後の年数が経過すると，上記の熟畑化の場合とは逆の現象が認められている．さらに，雑草群落は土壌の肥沃度，酸度によって変わるといわれている．

　上述のように，雑草群落が各種の管理作業によって将来どのように変化していくかを知ることができ，これは合理的な体系的防除法を確立するうえに重要な資料を与えることになろう．

　iii) 雑草の発生生態と雑草害の発現機序：　九州地域の主要畑夏雑草11草種の発生消長が調べられ，発生量の累積経過から3つの発生型に分類された（図2.34）．また，図2.35においてはメヒシバに対する陸稲の草丈および茎数の競争度の推移を示しており，競争度は茎数が

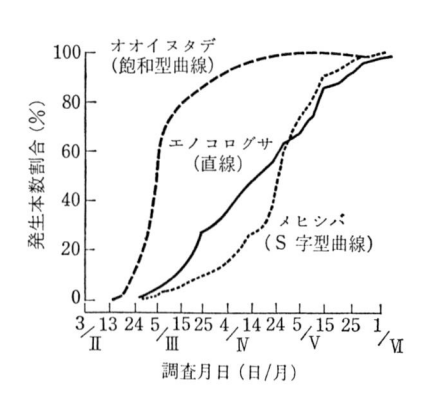

図 2.34　自然状態での発生量の累積経過（異儀田・岩田，1969；岩田・高柳，1983）

(草薙, 1984)

殖器官		種子		
土壌の乾湿と出芽条件	休眠	千粒重(mg)	1株種子数	休眠
湛 水 田	有(長)	460	4,040	有
湛水田〜湿田	無	470	2,510	有
湛水田〜乾田	無	1,880	3,790	有
湛 水 田	無	380	40	無
湿田〜乾田	無	270	800	無
湛水田〜乾田	—	2,500	100	—
〃	有(長)	1,930	10	—
湛 水 田	有(短)	3,250	50	有
湿田〜乾田	無	—	—	—
〃	無	—	—	—

最も大きく，ついで草丈であった．図には示していないが，葉数への影響はほとんどなかった．競争度の最も大きい茎数の推移をみると，播種期の早い4月播きでは発芽後約30日間は競争度がプラスに現れ，その後はマイナスに拡大した．しかし，播種期が6〜8月と遅くなると，生育初期から競争度はプラスになった．草丈でも茎数と同様の傾向がみられたが，競争度は茎数より小さかった．このように，陸稲のメヒシバに対する競争度は，播種期によって著しく異なっている．

畑雑草の発生生態と作物あるいは植物に対する被害の発現機作を解析，把握す

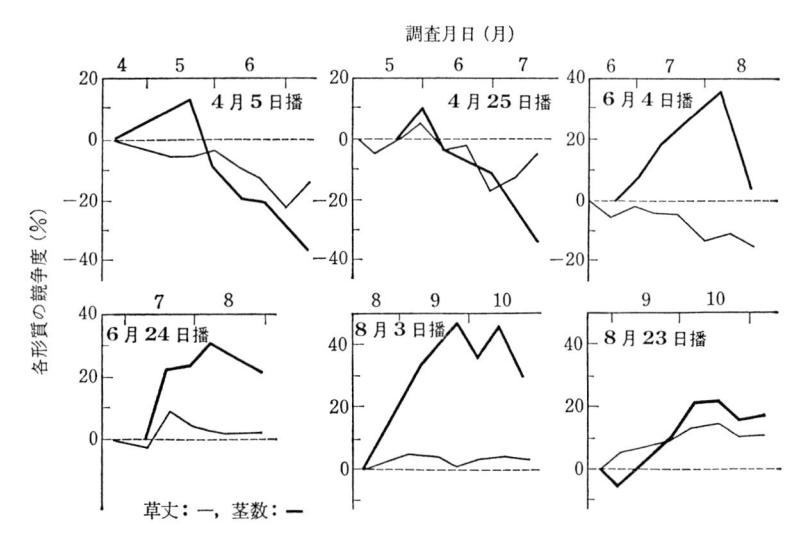

図 2.35 陸稲の草丈および茎数のメヒシバに対する競争度の推移
(岩田・高柳, 1980, 1983 を一部改変)

2.4 ダ ニ

a. 分類・形態

ダニ類には，小型でみつけにくいこと，増殖率が大きく急激に増えること，殺ダニ剤に対して抵抗性を発達させやすいなどのため，防除のむずかしい害虫が多い（表2.10）．また，捕食性ダニ類のいくらかは生物的防除の有力な天敵として注目をあびている．

ダニ類は節足動物門のクモ綱ダニ目（Acari）に属する．このうち，ハダニ科（Tetranychidae），フシダニ科（Eriophyidae），コナダニ科（Acaridae），ホコリダニ科（Tarsonemidae）のダニ類が作物害虫として重要な種を含んでいる．

成虫の体節は13節前後よりなるといわれているが，体節制はほとんど失われ，頭，胸，腹部が袋状になっている．体は顎体部と胴体部に大きく分けられる．顎

表 2.10 いろいろな作物を加害するハダニ類(江原，1993，1999から作表)

作 物	ハ ダ ニ
カンキツ	ミカンハダニ，コウノシロハダニ，ミヤケハダニ，ナミハダニ，カンザワハダニ，トウヨウハダニ，チャノヒメハダニ，ミナミヒメハダニ
リンゴ	リンゴハダニ，ナミハダニ，ニセクロバーハダニ，オウトウハダニ，カンザワハダニ，クロバーハダニ
ナ シ	オウトウハダニ，カンザワハダニ，クワオハダニ，ミカンハダニ，リンゴハダニ，ナミハダニ，スミスハダニ，ニセクロバーハダニ，クロバーハダニ
モ モ	カンザワハダニ，クワオハダニ，ミカンハダニ，リンゴハダニ，ナミハダニ，オウトウハダニ
カ キ	ミカンハダニ，カンザワハダニ，コウノシロハダニ，カキヒメハダニ，チャノヒメハダニ
ブ ド ウ	カンザワハダニ，スミスハダニ，ミチノクハダニ，ナミハダニ，ブドウヒメハダニ
マンゴー	マンゴーハダニ，シュレイハダニ
ウリ類	カンザワハダニ，ナミハダニ，アシノワハダニ，イシイハダニ，クロバーハダニ
ナ ス	カンザワハダニ，ナミハダニ，アシノワハダニ，イシイハダニ，チャノヒメハダニ
イ チ ゴ	カンザワハダニ，ナミハダニ，ホモノハダニ，クロバーハダニ，ミチノクハダニ，チャノヒメハダニ
マ メ 類	カンザワハダニ，ナミハダニ，アシノワハダニ，ホモノハダニ，サガミハダニ，ナンゴクハダニ
ク ワ	クワオハダニ，カンザワハダニ，スギナミハダニ，ナミハダニ，イシイハダニ，アシノワハダニ，チャノヒメハダニ
チ ャ	カンザワハダニ，チビコブハダニ，コウノシロハダニ，マンゴーハダニ，チャノヒメハダニ
サトウキビ	イネハダニ，サトウキビハダニ

体部には口器，鋏角，触肢などがある（図2.36）．ハダニでは1対の鋏角が基部で融合して担針体を形成し，これに可動部が変形した口針がついている．触肢の節数は種類により変化する．触肢は感覚器官であるとともに，ハダニ類では先端から吐糸する重要な役割をもつ．この糸はハダニが植物体上で歩行したり，ほかの植物へ移動したり，空中に分散したりするときに用いられる．

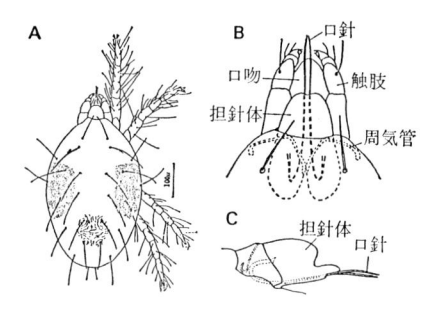

図2.36 ナミハダニの全体図（背面）(A)とハダニ科の顎体部(B)，鋏角(C)の模式図（江原原図；江原・真梶，1975より転載）

卵形をした胴体部には種々の場所に毛が生えており，その形態や配列は分類学上重要な形質である．胴体部から4対の脚が出ているほか，気門，肛門，生殖口が開口している．脚は7節からなる．胴体前部に2対の単眼をもつ．

b. 発育と休眠

ハダニ類の発育ステージは卵，幼虫，第1若虫，第2若虫，成虫に分けられる．幼虫は3対の脚，第1若虫以降は4対の脚をもつので区別は容易である．第1若虫と第2若虫の区別は脱皮を確認するか，体毛の配列の違いで行う．成虫は胴体部腹面に生殖口があり，ほかのステージと区別できる．ハダニ類の多くは前に述べた昆虫のハチ目と同様，半・倍数性の性決定がなされ，そのような種では，受精されなかった卵からは雄を生じる．

ハダニ類の発育は一般に早く，ミカンハダニ *Panonychus citri* やカンザワハダニ *Tetranychus kanzawai* は20℃で約17日，夏季の27〜28℃では10〜12日で発育を終える．したがって，年間世代数も西日本では10世代を越える種が多い．

休眠するハダニ類の中で *Panonychus* 属は卵で，*Tetranychus* 属は雌成虫でそれぞれ休眠する．ナミハ

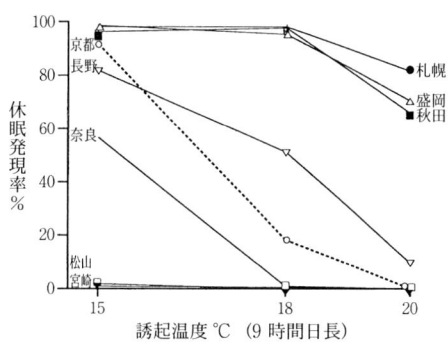

図2.37 日本産ナミハダニ黄緑型における休眠性の強さの地理的変異（高藤，1998）．
3つの異なる誘起温度（9時間日長）において休眠発現した個体の割合を表す．

ダニ Tetranychus urticae の黄緑型やカンザワハダニ雌成虫は20°C以下の低温と12～13時間以下の短日が重なると休眠に入るが，ナミハダニでは休眠性の地域変異が大きい（図2.37）．ナミハダニの赤色型（旧ニセナミハダニ）には休眠は知られていない．リンゴハダニ Panonychus ulmi 雌成虫も同様の条件で休眠卵を産む．ミカンやナシなどを加害するミカンハダニには休眠系統と非休眠系統が存在する．ナシなど落葉果樹を加害する近縁種のクワオオハダニ P. mori は，すべて休眠する．

c. 増　殖

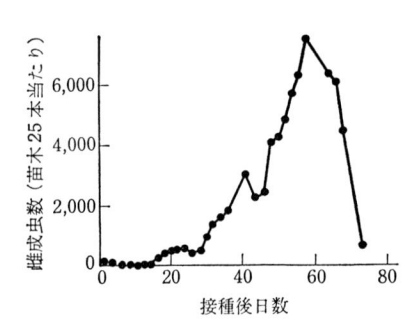

図2.38　ミカン苗木上でのミカンハダニの個体群増殖（Yasuda, 1979）指数増殖の増殖率 $r_e = 0.085$.

ハダニ類は発育期間が短く，産卵数も雌当たり100卵を越えるものが多いため潜在的に高い増殖能力をもっている．したがって，好適な温湿度条件下で，有力な天敵を伴わない場合にはしばしば指数的増殖を行い，寄主植物を完全に利用しつくしてしまい，自らの個体群も崩壊してしまう（図2.38）．このため農作物への被害が大きく大害虫とみなされるのである．ハダニ類の大発生を受けた寄主植物葉は吸汁痕が白斑状になり，ついには全体が灰白色に変色し，光合成が行われなくなり変形，落葉に至る．寄主植物を利用しつくすと隣接した植物へ歩行移動するか，植物の先端へ登り，空中に糸を放出して気流にのって（バルーニング）移動する．被害葉上ではハダニの走光性が強まり，活動性が高まるなどの生理的変化を伴う移動型個体を生じる可能性がある．

d. 捕食性ダニ

カブリダニ科 Phytoseiidae やナガヒシダニ科 Stigmaeidae に属するダニの中には，植食性のダニを捕食する天敵が多い．特にハダニ類の生物的防除のために外国から導入されたチリカブリダニ Phytoseiulus persimilis は，捕食量や探索能力が大きく，増殖能力がハダニ類より高いなど天敵として有利な形質を備えているため，最も注目されている．土着の種ではケナガカブリダニ Amblyseius womersleyi がよく研究されている．カブリダニ類の中に餌として植食性ダニ以外に花粉やカイガラムシの甘露などを摂食するものがある．チリカブリダニを用いた生物的防除ではハダニを食いつくして，その後カブリダニ個体群も崩壊して

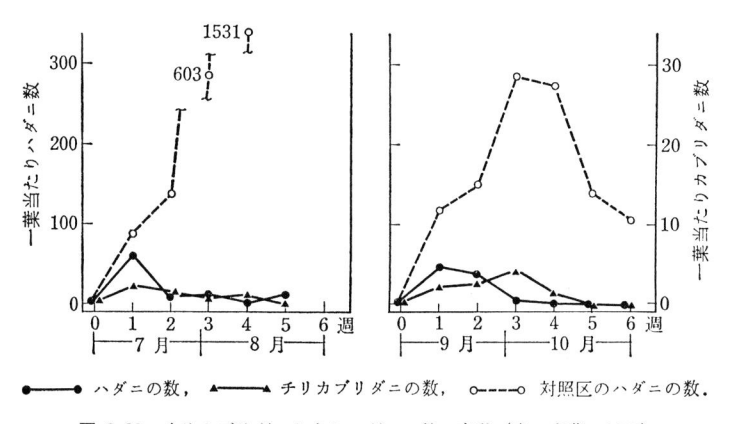

図 2.39 チリカブリダニとナミハダニの数の変動（森・斉藤, 1977）
放飼比率　チリカブリダニ：ナミハダニ＝1：10.

しまうことが多い（図 2.39）．最近では温室などでハダニ類が発生したとき，いつでも放飼できるように，チリカブリダニなどが天敵農薬として販売されている．

2.5　線　　　虫

a．分　　類

　線虫類は線形動物門（Nematoda）に属する．そのうち植物寄生性線虫は，チレンクス目（Tylenchida）のチレンクス亜目（Tylenchina）とアフェレンクス亜目（Aphelenchina），およびドリライムス目（Dorylaimida）に含まれる．チレンクス亜目は，シストセンチュウ類，ネグサレセンチュウ類，ネコブセンチュウ類などを含む．アフェレンクス亜目は，イネシンガレセンチュウ *Aphelenchoides besseyi* やマツノザイセンチュウ *Bursaphelenchus xylophilus* などを含む．ドリライムス目はオオハリセンチュウ類（*Xiphinema*）を含んでいる．植物寄生線虫は全世界で2,000種以上知られているが，害虫として重要なものは100種程度である．

　線虫類にはほかの線虫や糸状菌を捕食したり，昆虫，小動物に寄生するものがある．昆虫寄生性線虫には Rhabditida 目（桿線虫）やチレンクス目に属するものが多い．昆虫病原性線虫のスタイナーネマ類は，害虫の生物的防除に用いることが可能で，2種が生物農薬として市販されている．このほか，多くの自活性線虫といわれる食菌性の線虫がいる．

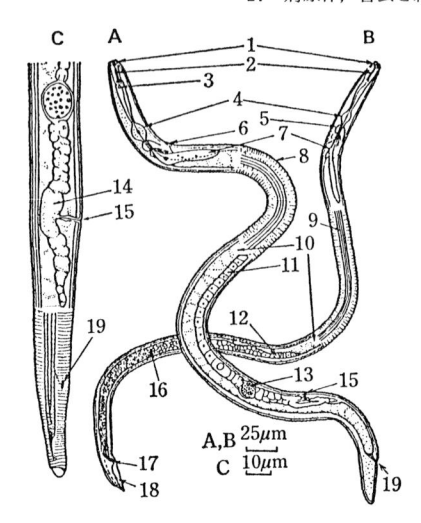

図 2.40 キタネグサレセンチュウの形態
(石橋, 1981)
A, C：雌成虫；B：雄成虫．
1：口唇部, 2：口針, 3：背部食道腺口,
4：中部食道球, 5：神経環, 6：排泄口,
7：亜腹部食道腺, 8：体環, 9：側帯, 10：
腸, 11：卵巣, 12：精巣, 13：受精嚢,
14：子宮, 15：陰門, 16：精子, 17：交接
刺, 18：尾翼, 19：肛門.

図 2.41 植物寄生性線虫前半部の形態模式図
(一戸, 1977)
(a) チレンクス型,
(b) アフェレンクス型.

b. 形　態

　線虫はクチクルで覆われた長い袋状の形態をしており，断面は円形である．体長は通常 0.5～1.5 mm である．ただし，ネコブセンチュウ類，シストセンチュウ類，ニセフクロセンチュウ *Rotylenchulus veniformis* の雌成虫は肥大している．消化器官は，口腔，食道，腸と続き，直腸を経て肛門に至る（図 2.40）．食道部の形態は目（亜目）の間で異なる（図 2.41）．

　植物寄生性線虫は口針をもち（図 2.41），これを前後に動かして植物組織に刺して，汁液を摂取する．消化器官や生殖器官の形態は科や属の特徴となっており，分類の重要な手がかりとなる（表 2.11）．

　生殖器官として雌成虫には卵巣，雄成虫には精巣がある．卵巣は陰門に開口し，精巣は総排泄孔に開口している．雄成虫には雌に精子を送り込むための交接刺がある（図 2.40）．

　神経系は食道部をとりまく神経環（中枢部）と，そこから体の前後方に延びる神経および神経節から成り立っている．

表 2.11 チレンクス亜目の各科の形態比較(Fortuner et al. (1987, 1988) をもとに皆川望が作表)

科	体形, 角皮, 体環	唇部骨格, 口針	中部食道球	食道腺	♀生殖器官	主要線虫(類)名
アングイナ科	角皮は薄い, 体環は細かい	ない, または微小, 口針は小～普通大	紡錘形, ない	腸と重なる	卵巣は1	コムギツブセンチュウ クキセンチュウ イチゴセンチュウ
ベロノライムス科	体環は明瞭か細かい	唇部は6	紡錘形	食道内におさまる	卵巣は2	イシュクセンチュウ
ホプロライムス科	体環は明瞭か細かい	発達する, 口針太く長いもの多い	卵形～類球形	種々	卵巣は1～2	ラセンセンチュウ ニセフクロセンチュウ
プラティレンクス科	体環は細かい	発達する, 口針は普通	紡錘形	腸と重なる	卵巣は1～2	ネグサレセンチュウ ネモグリセンチュウ
ヘテロデラ科	♀は類球形, ♂は線形, 精巣1～2条	♂で発達する, 口針太い	卵形	腸と重なる	陰門は後端より少し前方, 卵巣は2	ネコブセンチュウ シストセンチュウ
クリコネマ科	角皮は厚い, 体環は大きく明瞭	口針は発達し長い, ♂は口針が退化	食道前軀と融合, 弁は大きい	さじ形～球形, 食道内におさまる	陰門は体の後端に近い, 卵巣は1	ワセンチュウ トゲワセンチュウ サヤワセンチュウ
チレンクルス科	♀は類球形 ♂は線形	あまり発達しない, ♂は口針が退化	大きく円い, 弁は大きい	球形食道内におさまる	陰門は後端に近い, 卵巣は1	ミカンネセンチュウ ピンセンチュウ

c. 発 育

発育ステージは卵,幼虫,成虫に分かれる.土壌線虫の卵はおおむね楕円形である.ネコブセンチュウ類では卵囊内,シストセンチュウ類ではシスト(雌成虫が成熟後卵を包み込むため固い袋状に変化したもので,乾燥や低温に高い耐性を示す)内で孵化する.卵の孵化には適度な温度や湿度が必要なほか,植物が出すある種の化学物質が孵化を促進することもある.

幼虫は数回(多くは4回)脱皮して成虫になる.昆虫の1齢,2齢に相当する言葉として第1期,第2期などが用いられる.種によって数週間から数か月で成虫になる.しかし,乾燥条件下では体をコイル状に巻いて発育静止状態に入り,この状態で1年から数年にわたって生存できる線虫もいる.

d. 個体数の調査

線虫は土壌中や植物組織内に生息する場合が多いので，昆虫やハダニに比べて調査観察がむずかしい．最も基本的な個体数調査法として線虫が水中で泳ぐことができる性質を利用し，土壌や植物組織から分離する方法にベルマン法がある（図2.42）．漏斗下部のチューブ中に遊出した線虫を採取して観察したり，個体数を数える．また，土壌や破砕した植物組織に水を注いで攪拌し，線虫を浮遊させた液をメッシュの異なったふるいを通して分ける方法もある．100～400のメッシュのふるいを用いると，かなりの線虫を大きさ別にふるい分けることができる．そのほか遠心分離法や，線虫調査に特別に設計されたザインホルスト式洗別器などがある．

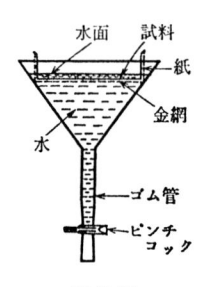

図 2.42 ベルマン法による線虫の分離

マツの枯損とカミキリムシ・線虫の関係

西日本を中心に広域に発生したマツ枯れは，マツノマダラカミキリ *Monochamus alternatus* が運ぶマツノザイセンチュウによるものである．この両者の生活史は巧妙にからみ合っている．線虫（耐久型幼虫）を気管内にもったカミキリムシが健全なマツに飛来して幹や枝の樹皮をかじる（後食するという）と，カミキリムシから離脱した線虫が傷口から木に侵入し，成虫へ脱皮したのち樹体内で増殖する．カミキリムシは線虫寄生によって衰弱したマツに産卵し，幼虫は坑道を掘って内部で生長する．カミキリムシが蛹化すると分散型3期幼虫といわれる線虫が蛹室付近に集まり，カミキリムシが羽化するころに分散型4期幼虫（耐久型幼虫）に脱皮してカミキリムシの気管に侵入し，他のマツに運ばれるのである．最近では枯損の直接の原因はマツノザイセンチュウが運ぶ細菌が出す安息香酸であるとする説も出されている．

研 究 問 題

2.1 付近の田畑，寺社，山林を歩き，作物や植物の異常な葉や茎を採集しよう．病気か，害虫か，または生理的障害かを鑑定してみよ．病害標本の採集・鑑定：p.26，図2.6～2.19および池上八郎ら（1996），新編植物病原菌類解説，養賢堂を参照．

2.2 あなたが住んでいる地域のおもな植物の病気について，病原体別，被害植物別，発生時期別に一覧表をつくってみよ．

2.3 トノサマバッタまたはクロゴキブリなど大型昆虫の成虫を採集し，外部形態を観察してスケッチし，図2.21を参考にして形態の名称をつけよ．

2.4 カイコの終齢幼虫，またはモンシロチョウかナミアゲハの幼虫を採集し，幼虫を解剖して内部形態を観察してスケッチし，図2.22を参考にして形態の名称を入れよ．

2.5 住宅地と里山周辺で，チョウをランダムにできるだけ多く採集する．図鑑で種類を調べ，種類別に個体数を整理し，住宅地と里山別にシャノン・ウイバー関数を計算し，多様度を

比較せよ (p.43).
2.6 付近の田畑，寺社，山林にみられる雑草の種類と季節による消長を調べ，表2.3のように整理してみよ．
2.7 表3.4にみられる線虫の加害作物の栽培後期または収穫直後の土壌を採取し，図2.42に従ってベルマン抽出器をつくり，線虫を分離し顕微鏡下で観察して表2.11に従って分類を試みよ．

3. 植物の被害の種類と対策

3.1 病　　害

　病原体の種類についてはすでに2章（pp.19～27）で述べた．ここでは，伝染性病害のなかでおもなものをとりあげる．病原体には糸状菌が最も多く，ウイルスも少なくない．細菌は比較的少ないが，それによる被害は大きい．ウイルスは1種類の決まった宿主に，細菌は多種類の宿主につくことが多い．糸状菌はどちらの場合も多い．

a. 水稲の病害―いもち病

　イネの栽培には毎年約500億円の殺菌剤が使われているが，それでも病気による減収は30～70万t，被害額にして900～2,100億円にのぼるといわれている．このような大きな被害をもたらす病気の中で，最も減収率が高いものにいもち病がある．

　戦後，葉いもちの発生は少なくなったが，それでも1993年には60万tもの減収をもたらした．この大発生は，春の高温多雨や夏に低温で降雨日数が多いという気象条件下で起こった．このような近年における本病発生の原因には，罹病性の良質米の品種を広域に単一栽培していることや労力不足による不適切な防除が考えられる．

　いもち病菌は根以外のイネの各部を侵し，全生育期間を通じて発病し，イネ体を萎縮・枯死させて減収を招く．ここでは，節いもち，葉節いもち，穂首いもちなどの伝染源になり，また発生の年次変動が大きい葉いもちについて述べる．

　被害と診断　　葉いもちによる減収は，発病時期，程度，発病後の天候などで決まる．最高分げつ期の罹病葉率が10%を超えると被害が大きくなり，20%を超えると被害は甚大となる．

　罹病籾をまくと鞘葉が暗灰色となり，やがて褐変して表面にかび（分生子柄，分生子）を生じる．不完全葉や第一本葉は紫黒色，後に中央部が灰白色の不整形～紡錘形の病斑が形成される（図3.1）．地際葉鞘部は変色して萎凋することも

ある．葉身に中央部が灰白色，周縁部が紫黒色の小斑を生じる．苗や窒素が多いイネでは白斑になる．病斑はのびて紡錘形になり，中央は灰白色の組織崩壊部，周縁は褐色，さらに外側は黄色の中毒部で囲まれる．病斑をもつ葉身に続いて出てくる葉の鞘葉は短くなり，さらに続いて現れる葉身，葉鞘が短くなって"ずりこみ"を呈する．このような発病中心部の株は，圃場ではくぼんで見える．分げつ期に葉いもちが多発すると，罹病株全体は茶色になって枯死し欠株となる．

発生条件と対策　分げつ後期に最低気温が16℃を越えて降水が2日以上続くと，広い地域で葉いもちが発生する可能性がある．若い葉ほど感染しやすい．分生子の形成適温は24〜28℃，発病適温は20〜25℃である．

図 3.1　いもち病の急性型病斑
（一谷多喜郎原図）

補植用のマット化した苗は第2次伝染源になりやすいので，本田に放置しない．多発年の被害わらやもみを春までに焼却するか完熟堆肥にする．常発地では真正抵抗性の品種や圃場抵抗性の品種を用いる*．また多系品種も利用できる．レース分布をモニターし，植えるイネの系統を決める．優良種子を準備し，比重選によって重症保菌種子を除き，さらに薬剤による湿粉衣，吹き付け，塗沫など

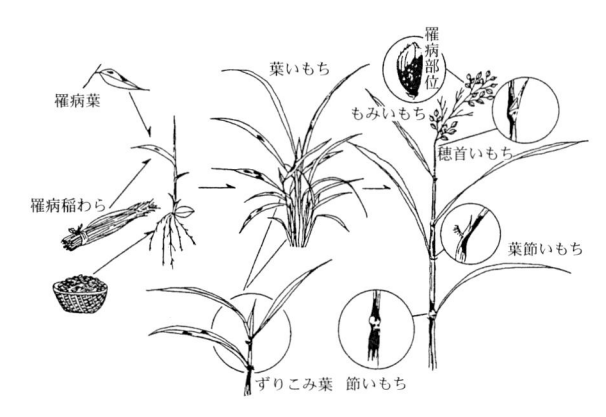

図 3.2　イネいもち病の伝染環（加藤，1983）

の消毒をする．育苗箱での覆土は浅すぎぬように気をつける．初期低温，日照不足下では追肥を避ける．ケイ酸は元肥として施す．薬剤散布は発病直後でも十分間に合う．

* わが国では，1950年代から外国イネの高度いもち病抵抗性因子を導入して品種の育成が始められ，クサブエがその第1号として普及した．これは，当時農薬散布も必要としないほど高い抵抗性を示し，品質・収量ともに優れていて関東以西の本州で作付け面積が急増した．しかし，1963年ごろから各地で激しく発病するようになり，大きな問題となった．このような抵抗性品種の罹病化の現象は，すでに欧米のコムギ黒さび病やジャガイモ疫病で知られている．わが国でも，その後外国イネ系の抵抗性を導入した品種の大部分が，普及後3年目くらいでつぎつぎと罹病化していった．

本病の伝染環を図3.2に示す．本病の発生を未然に防ぐよう努力する．

b．野菜の病害―アブラナ科野菜根こぶ病

野菜の作付け面積は漸減しているが，施設栽培面積は増加している．施設では，温室メロン，イチゴ，トマト，キュウリ，ピーマンなどが栽培されている．野菜生産農家数は総農家数の半数を超え，大部分は自給生産農家である．野菜の全収穫量は横ばい状態であるが，その生産額は農業生産額のかなりの部分を占めている．

図3.3 ズッキーニ黄斑モザイクウイルス（ZYMV）に感染したキュウリ葉（一谷多喜郎原図）

野菜の病害の発生には，次のような特徴がある．① 栽培方法の多様性からくる病害発生の多様性，これに加えて国土が南北に長く，作期，作型などの栽培様式，栽培品種が多様で生育環境も複雑であり，発生する病気の種類や発生様相が多岐に渡っている．② 連作障害が問題になっていて，このおもな原因は土壌病害である．③ 野菜栽培は，施設栽培など多湿になりやすく，また連作障害を受けやすく，病気が発生しやすい不良環境下で行われている．

このようなわけで，細菌病，土壌伝染病，また薬剤耐性で問題の灰色かび病とうどんこ病，さらにウイルス病（図3.3）などが難防除病害として注目されている．

ここでは，防除困難なアブラナ科根こぶ病について述べる．

被害と診断 ほとんどすべてのアブラナ科野菜に発生し，特にハクサイ，キャベツ，カブ，カリフラワーなどで大きな被害を出している．しかし，現在栽培されているダイコンの品種はほとんどが高度の抵抗性をもっているので，実害は

見られない.

　根に形や大きさが異なるこぶを多数生じる. こぶは大型で表面が滑らかであり, ネコブセンチュウの害とは区別できる（図3.4）. また, 根に生じたこぶにより, 生育不良や葉色が劣って外葉が淡黄色または紫赤色になったり（キャベツ）, 晴天時には葉が萎凋するが, 朝や曇天, 雨天時にやや回復したり（ハクサイ）, 葉が淡黄化して下葉から落葉しやすくなったりする（カブ）. 生育初期に罹病して主根が侵されると, 症状は激しくなる.

発生条件と対策　　酸性土壌で多発し, 土壌中の水分含量が多いと休眠胞子の発芽や遊走子による侵入を容易にし, 本病の発生を助長して被害を増大させる. 日照時間が13〜16時間以上および光が強いとき多発し, 日長が11時間半以下では発病しないといわれている. 感染やこぶの肥大は気温20〜25℃で盛んに起こり, 日平均地温が20℃以上で多発する. 発病株内にはおびただしい数の休眠胞子が形成されており, 発病株は見つけ次第抜き取って焼却か埋没する. 本菌は比較的耐熱性が高いので, 罹病株を堆肥材料にしたり, 用水や水田に捨てることは危険である. 高度の抵抗性を持つカブの遺伝子を導入したハクサイなどの品種が実用化されているが, これらを侵す病原菌の系統が存在する圃場や栽培条件によっては罹病化する場合がある. 薬剤散布が行われているが, 同時に4, 5年の輪作, 石灰を施して土壌のpHを上げること, アブラナ科雑草の駆除などの耕種的防除法もとられている.

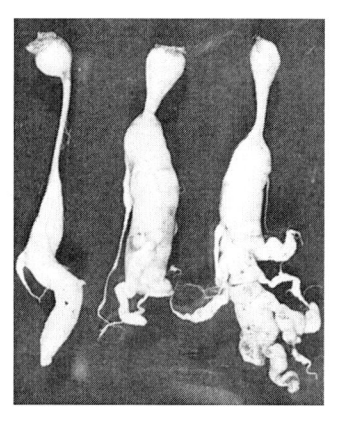

図 3.4　アブラナ科植物根こぶ病の病徴（池上八郎原図）
播種40日目のカブ病根.

c. 果樹の病害—ナシ赤星病

　果樹病害の第1次伝染源は, 多くの場合には果樹園内にあるが, 異種寄生をするものは果樹園近くの中間宿主上にある. これらの伝染源は多年生植物上にあるので, 効果的な防除を行わないと菌密度が年々増加し, やがて大きな被害を出すようになる. また, いったん菌密度が高まると, これを低下させるのに何年もの年月を必要とするといわれている.

　病原菌の感染時期は, 宿主の生育初期に限られるものから周年に渡るものまである. 感染が積雪中に起こる場合もある. 潜伏期間は短いものもあるが, 数か月

から5，6年という長い場合や果実にのみ発病するので，結果樹齢に達するまで感染の実態が不明なものまである．伝染方法には，雨や風，昆虫などの媒介者，花粉などがあり，また穂木，台木，苗木によって広域に伝搬される．

　果樹では，発生する病害が多く，病害発生に好適な梅雨などがあるため，無農薬による経済的な栽培は困難で，各都道府県は防除歴をつくって生産現場の指導に当たっている．予察モデルの作成は難しい場合が多いが，カンキツ黒点病で実施されている．難防除病害には，細菌病，枝幹性病害，土壌病害，ウイルスとウイロイドによる病害がある．

　ここでは，生活環の中に複数の胞子世代を持ち，かなりの種が異種寄生により伝染環を構成しているさび病菌の中で，最も重要で慣行防除を必要としているナシ赤星病について述べる．

被害と診断　早春の展開葉に明るい黄色小斑点を生ずる．病斑は次第に拡大し，黒褐色小点を多数形成するようになる．病斑部はややくぼみ，5，6月ごろに病斑の裏面にたわしの毛のような毛状体が現れ（図3.5），さび胞子をつくる．7月以降に病斑部は腐り，黒褐色の大型病斑となる．病斑を多く形成した葉は落ちる．

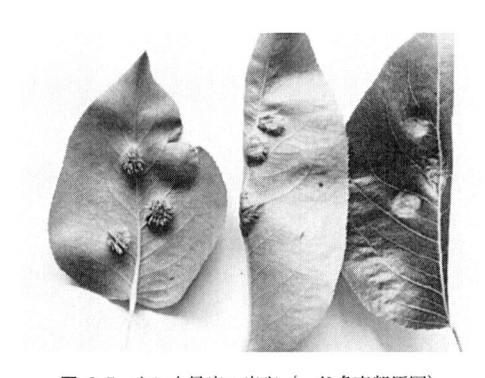

図3.5 ナシ赤星病の病斑（一谷多喜郎原図）

　ナシ園近くのビャクシン類が診断のポイントである．このビャクシンに冬胞子堆（p.28参照）がみられ，4月ごろの雨の日にふくらんだ冬胞子堆があれば，冬胞子は発芽して小生子を形成し，小生子を飛散させている．

発生条件と対策　ナシ園近くにビャクシン類が多いほど，その位置がナシ園に近いほど，本病は多発する．また，4月ごろ風上にビャクシン類があると発生しやすい．4月中・下旬に風雨が多いと発生が多い．冬胞子堆がふくらみはじめる時期（4月中・下旬ごろ）の降雨前に薬剤散布をする．散布回数を守って耐性菌が出ないようにする．4，5月ごろ園内に2〜3割を越す病葉がみられたら，伝染源であるビャクシン類に対策を施す*．

　　*　少なくともナシ園の周囲1km以内にビャクシン類が1本もないように伐採するのが最良の対策である．

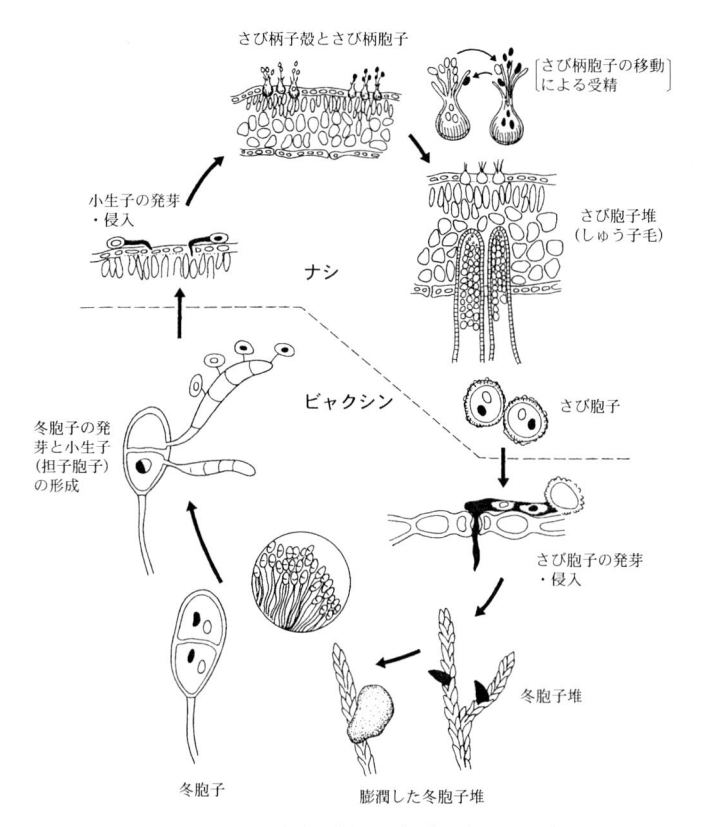

図 3.6 ナシ赤星病菌の生活史（工藤・家城，1997）

都市近郊の産地では，ベッドタウン化に伴うビャクシンの植栽増加のため，1975年ごろには本病がかなり増加していた．しかし，千葉県市川市などでみられるように，市条例によりナシ園から1 km以内ではビャクシンを植えないこと，すでに植えている場合には伐採するか，別の樹に植えかえることとしており，さらに有効な農薬の開発などにより本病は減少してきている．

本病菌の生活史は図3.6に示すとおりである．

d. 花，花木の病害―バラ根頭がんしゅ病

露地栽培の花は8,000種以上あり，これに温室栽培のラン類，観葉植物などを加えると膨大な数になる．草花では約1,000種類，花木では500種類もの病害が知られている．花では菌類による病害が最も多く，ついで細菌，ウイルス，ファイトプラズマの順になる．花木では菌類病が圧倒的に多い．

花，花木は集約的で周年栽培を行っているため，不完全な施設ではかえって高温，多湿下で栽培することになり，抵抗性が低下して露地では問題にならなかっ

た病気が多発する．また，栄養繁殖性の種が多く，種苗を通じて病気が伝染したり，種苗の移動により病原体を持ち込んだりする（チューリップ球根腐敗病など）．

花（花冠）はもとより1枚の葉まで観賞の対象になるので，各種の手段を組み合わせて行う高い水準の防除法が要求される．

ここでは，バラ根頭がんしゅ病について述べる．本病菌の宿主範囲はきわめて広い．被侵入細胞を形質転換して腫瘍細胞にし，自律的に分裂してこぶを作る．

被害と診断　本病はおもに地際の茎部にこぶを形成し，容易に診断できる．こぶは土中に埋まっている部位に形成されやすく，根にも小さなこぶを生じる（図3.7）．こぶの表面は粗く，大きさはさまざまで，初めは白く，古くなると暗褐色になる．

罹病株では葉が黄化し，茎数が少なくなったり，木の寿命が短くなる傾向がある．

発生条件と対策　この病原細菌は傷口から侵入する．あらかじめ土壌消毒を行ってから無病の苗木を植える．病株は早めに抜き取る．発病株の根や茎を切った刃物は熱湯で消毒する．

図3.7　バラ根頭がんしゅ病の病徴
（一谷多喜郎原図）

e．芝の病害―日本シバ葉腐病

シバは公共緑地，ゴルフ場，スポーツグラウンドなどでアメニティ芝あるいは各種法面など環境保全用としてその利用が急速に拡大している．

シバと牧草では，草種は同じであって発生する病害の種類も類似している．しかし，シバでは品種，系統，あるいは刈高，刈込頻度などにより，特有の病気が発生する．また，多くは他殖性で，病害に対する感受性に個体差がある．そのために，品種の更新などで新しい病気が異常発生することもある．さらに，シバ種子の多くを海外に依存するために新病害が発生したり，異常気象などにより突然発生する病害もある．

生産芝では商品価値，ゴルフ場ではパッティングクオリティ，再生力，永続性が求められる．被害が大きいシバ葉腐病などについては，すでに発生予察実験事業（1990）が開始されている．

ここでは，ゴルフ場における最重要病害である日本シバ葉腐病（ラージパッ

チ）について述べる．

被害と診断　春先のフェアーウエーなどで発病した1個体の病斑を観察すると，初めは茎葉が侵されて水浸状を呈し，やがて全体が光沢を失い，雨上がりでは萎凋する．その後，罹病部の周りおよび上位の茎葉は赤褐色〜茶褐色を呈し，地際から引き抜きやすくなる．

一方，前年秋に激しく発病した場合には，翌春になってもまだターフ（低く刈込まれた均一な状態の芝生）に継ぎ布を当てたようなパッチと呼ばれる被害跡が残っており，その跡は萌芽不良箇所となって降雨後にやや緑色を残したまま灰白色で水浸状を呈したものになる．その後，融合して赤褐色〜茶褐色の直径4，5mの大型のパッチとなり，その内部は裸地化する（図3.8）．また，環状，帯状に一時的に枯死するものもあるが，夏には自然治癒する．秋，降雨後に新しい不整形で小型の黄褐色のパッチが現れ，環状，帯状になる．しかし，病勢は弱く裸地化はほとんど起こらない．冬にはシバの休眠とともにパッチは見えなくなる．

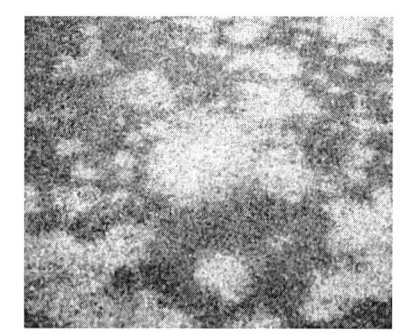

図3.8　ゴルフ場における日本シバ葉腐病（ラージパッチ）による被害状況（一谷多喜郎原図）

発生条件と対策　春の最高気温の平均が20℃を越える頃に降雨とともに発生，蔓延し，5月中・下旬に被害は最大になる．気温が25℃以上になる頃から病勢は衰え，秋には最高気温の平均が24℃で発病が見られ，発生の最盛期は10月中・下旬から11月下旬である．本病菌は茎葉を侵害し，本病は排水路付近や水が停滞する所で発生し，有機質残渣の蓄積した過湿芝地で多発する．本病は土壌伝染のほか，人為的，機械的な伝染もする．

排水に心がけ，芝に傷をつけない．芝刈機，スパイクシューズによる伝染を防ぐ．土壌pHが6.0以下にならないようにする．窒素過多を避けてバランスのとれた施肥をする．サッチが集積しないようにする．発生初期に薬剤散布を行う．

f．その他

ここでは，畑作物―ホップ，チャ，クワ，アサクサノリの病害をとり上げる．

1）畑作物の病害―ホップわい化病　畑作物にはムギ類，マメ類，イモ類のほか，コンニャク，テンサイ，タバコなどの特用作物も含められる．おもな畑作物に発生する病気の数は作物当たり20〜40種類で，多くは菌類病である．病害

の種類により種子伝染,苗伝染,土壌伝染,空気伝染,虫媒伝染などを行い,防除方法もそれぞれ異なる.

畑作物は,普通畑と転換畑で栽培されているが,普通畑では連作傾向が強く土壌病害が問題となる.一方,転換畑では,水田に転換することにより一部の土壌病は抑制されるが,多湿下で発生する病気が新たに問題になる.

畑作物の病害には登録農薬が少なく,薬剤防除は一部の病害に限られる.また,畑作物は一般に経済性が低く,機械化,省力化の面から規模拡大が図られており,抵抗性品種の利用や輪作が畑作物の病害防除における基本になっている.しかし,実際には化学肥料の多用による感受性の増大,罹病残渣を圃場に放置することによる病原菌密度の増加,栽培管理の粗放化などにより種々の病害が激発している.ここでは,ホップのわい化病をとり上げる.

被害と診断 苗の移動で被害地域が拡大し,各地域での被害も大きい.栽培管理に留意しても収量は半減する.罹病すると,ビールの苦味成分となる毬花のルプリン粒に含まれる樹脂成分中,特に α 酸含量だけが1/2〜1/3に減少し,品質低下を招く.

萌芽期の幼茎は赤味が淡く,生育が進むにつれて緑色になる.草丈1m前後から節間が異常につまる.主茎・側枝ともに退緑色で丸みを帯び,登はん毛,稜線が明瞭でない.下部節位の側枝は伸長するが,上部節位の側枝の伸長は不良で,特有の"杉の木型"になる.重症の場合には,開花期になってもつるが鉄線(収穫線)に達しない.主茎葉は濃緑色になり,下方に強く巻き,葉身は厚目である(図3.9).類似の病害にいくつかのウイルス病があり,また数種ウイルスの複合感染もあるので,診断時には注意を要する.

図 3.9 ホップわい化病の病徴
(高橋 壮原図)

発生条件と対策 発生のない地帯で健全苗を育て増殖用苗を確保する.発生畑は全面改植が望ましい.キュウリ苗への接種で病原ウイロイドを検定し,病株は除去する.生育期に病株と診断されたものには目印をつけておき,株ごしらえなどで病株に対して用いた刃物は,1%ホルマリンに浸漬消毒後,健全株に対して使用すると良い.虫媒,土壌,種子および花粉伝染はしない.

2) **チャの病害** 大部分は菌類によるもので，細菌やウイルスによる病害は少ない．しかし最近，細菌病で被害が増加の傾向にあるものが赤焼病で，防除困難な病気とされている．ウイルス病様症状を呈するものが各地で見いだされているが，病原ウイルスは確認されていない．

現在，40種類以上の病害があるが，経済的に問題となるのは，炭疽病など約10種類である．そのほとんどは葉，枝条のごく若い時期に感染し，長い潜伏期間を経て発病に至る．ところが，新芽はそろって発病前に摘採されるため，病害は比較的目立たない．茶樹の新植あるいは更新は栄養繁殖系の品種によって行われており，品種，収量の点で優れている「やぶきた」で8割以上が占められている．しかし，これは炭疽病や輪斑病に弱いという欠点がある．チャの品種や栽培法には極端な品質重視主義がとられ，その病害防除は薬剤に依存せざるをえない．しかし，残留性の面で各茶期における摘採前の最終散布時期，散布回数に制限があるほかに，製品茶の薬剤残臭，官能検査により異臭のため，摘茶前における最終散布時期に制限がある．

3) **クワの病害** 現在，約40種類の病害が知られているが，菌類病が圧倒的に多い．葉を侵す病気の数が6割を占め，枝を侵すものが2割を占め，広く発生して桑葉生育に被害を与え，今後とも問題が残るものは，紋羽病など十数種類とされている．

4) **アサクサノリの病害** 魚場ではひび上に生長しているノリ葉体のところどころに，はじめ退色した小斑点が認められる．この小斑点は急速に拡大，融合し，直径 5～20 mm の赤さび色の円形斑になる．やがて，これは緑黄色から淡黄色になり，病斑の中央部から次第に退色していく．罹病部はノリ葉体全面に及んで葉体はひびから脱落する．本病は赤腐病といい，*Pythium porphyrae* によって起こる．本菌は遊走子形成に好適の水温 12～15℃ で蔓延する．激発時には，発病後 7～10 日で全養殖場のノリが腐敗し，ひびは空網になってしまう．

早生，晩生とも罹病性である．水温と潮候に注意し，ひびを上げてノリ体に十分な干出時間を与え，病勢の進行が抑えられている間に収穫をする．

3.2 虫　　害

a．植物害虫

害虫は加害する対象によって大きく農作物害虫，森林害虫，家畜害虫，衛生害虫などに分けられる．農作物害虫は，加害する作物の違いによって水稲害虫，畑

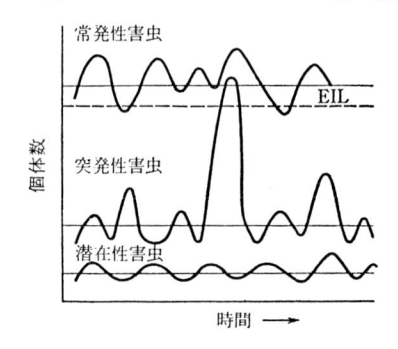

図 3.10 個体数変動様式からみた害虫の区分 EIL（経済的被害許容水準）については第4章参照.

作物（特用作物，飼料作物なども含む）害虫，果樹害虫，野菜花卉害虫などに分けられる．また，収穫後の作物を加害する害虫を貯蔵食品害虫（特に穀物を加害するものを貯穀害虫）という．加害の場所や様式によって食葉性害虫，吸汁性害虫，葉・茎・樹幹部などへの潜孔性害虫，地下部を加害する土壌害虫などという呼び方もある．生態学的観点から，個体群密度のレベルが常に高い恒常性害虫，通常個体群密度は低いが個体数の変動幅が大きく，ときどき大発生して被害を与える突発性害虫，平均密度が低く変動幅も小さいため通常害虫とならない潜在性害虫に分けられる（図3.10）．イネ害虫でいえば西日本のツマグロヨコバイは常発性害虫，トビイロウンカ *Nilaparvata lugens* や北日本のツマグロヨコバイは突発性害虫，ヒメジャノメが潜在性害虫に当たる．

以下に各作物グループから重要な害虫，または特異な発生や被害を与えるものなど1種ずつ選び，被害と防除について述べる．

1) イネ害虫―トビイロウンカ　　トビイロウンカは熱帯アジアに広く分布するイネ単食性の害虫である．わが国へは6月下旬から7月中旬ごろの梅雨前線に沿った低気圧の移動に伴って中国大陸南部などから飛来する．定着した個体群がその後の発生源となり増殖する．水田内では約3世代をすごし10月ごろまで増殖する．この昆虫には休眠がなく，わが国では通常越冬できない．最初の飛来は長翅成虫によってなされるが，次世代には非移動性の短翅成虫がつくり出され（図3.11），それらが核になり増殖し続ける．そのため秋には円形にイネが枯死する坪枯れ被害をひき起こす．個体群増殖に密度調節機構があまり働かないため3世代の間，指数的に増殖する．したがって，梅雨期の飛来成虫数の多少を知ることによってある程度その後の密度を予測することができる．飛来成虫数の調査

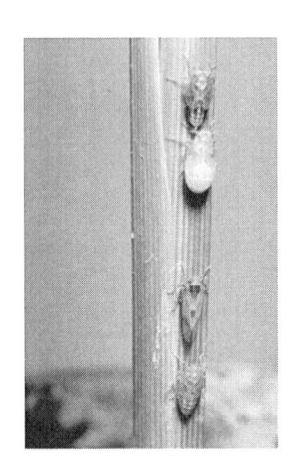

図 3.11 トビイロウンカ短翅（上から2番目），長翅（下から2番目）成虫と終齢幼虫（上，下）
（近藤　章原図）

には空中ネットや黄色水盤，予察灯などが用いられる．さらに防除の要否は8月上旬ごろの短翅成虫密度でも決められる（表5.1参照）．

防除はカーバメート剤やブプロフェジン剤散布でなされる．トビイロウンカはイネの株元近くに生息するので，その部分に十分殺虫剤が届くように散布しなければならない．従来，殺虫剤抵抗性はそれほど問題にされてこなかったが，最近各種の殺虫剤に対し感受性を少しずつ低下させており問題となりつつある．

その他のイネ害虫として重要なものは，別に述べた（p.29参照）ウイルス媒介昆虫以外に，ニカメイガ *Chilo suppressalis*，イネクビボソハムシ（イネドロオイムシ）*Oulema oryzae*，イネキモグリバエ（イネカラバエ）*Chlorops oryzae*，セジロウンカ *Sogatella furcifera*，コブノメイガ *Cnaphalocrocis*，イネミズゾウムシ，吸穂性カメムシ類などがある．

2) 施設園芸野菜花卉害虫—ミカンキイロアザミウマ　ミカンキイロアザミウマ *Frankliniella occidentalis* は新大陸（米国）西部に土着しているアザミウマの1種であるが，1970～80年代にヨーロッパをはじめ世界各地に侵入し，問題になっている（図3.12）．わが国には1990年に関東地方で発生が確認され，その後分布が急速に拡大し，現在ではほぼ全国に分布するようになった．この害虫の和名の由来は，1915年に米国から輸入されたカンキツ類の検疫時に発見され，命名されたことによる．カンキツ類やブドウ，モモなどの果樹も加害するが，キクなどの花卉類，ナス，ピーマン，トマトなどの野菜類の被害が大きい．野菜，花卉，果樹ともに，開花期に成虫が飛来し，産卵するとともに吸汁加害する．未成熟期の発育は早く，200日度で成虫が羽化する．この間成虫や幼虫の吸汁によって花弁や子房，幼果が傷つき，花卉や果実の商品価値が低下する．開花前に発生すると，葉脈に沿って白化する被害を与える．

このアザミウマは，花や果実等に与える直接被害のほか，トマト黄化えそウイルス（TSWV）を伝播する（図3.13）．このウイルス病はトマト，ピーマン，キクなどで発生がみられ，被害が拡大している．合成ピレスロイド剤を含めて殺虫剤に対しては感受性が低いが，昆虫成長制御剤（IGR）には効果の高いものが知られている．ヨーロッパではククメリスカブリダニ *Amblyseius cucumeris* などの天敵農薬を用いた防除が効果をあげている．わが国でもククメリスカブリダニ剤やナミヒメハナカメムシ *Orius sauteri* 剤が農薬登録され，実用化されている．

施設園芸害虫にはこのほか，オンシツコナジラミ *Trialeurodes vaporariorum*，

図 3.12 ミカンキイロアザミウマ
(村井　保原図)
左から雄成虫, 雌成虫, 2齢幼虫.

図 3.13 ミカンキイロアザミウマによって伝播された
トマト黄化えそウイルス (TSWV) の病徴.
(前田孚憲原図)

ミナミキイロアザミウマ Thrips palmi, ワタアブラムシ Aphis gossypii, ナミハダニ, カンザワハダニなどが重要である.

3) 蔬菜・畑作物害虫―ハスモンヨトウ

ハスモンヨトウ Spodoptera litura (図 3.14) はイネ科以外の畑作物, 蔬菜類を広く加害する多食性のヤガ類で, 加害植物は約 80 種にものぼる. またブドウなどの果樹の被害もみられる. 400〜600 卵が卵塊で葉に産みつけられ, 若・中齢幼虫は植物上で発育を続け集団で摂食する. 5齢以降の老齢幼虫は日中地表面のくぼみに潜り, 夜間植物体上に登って加害する. 老齢幼虫の活動が夜間になされるのは, シロイチモジヨトウ Spodoptera exigua, ヨトウガ Mamestra brassicae, カブラヤガ Agrotis segetum, タマナヤガ A. ipsilon, アワヨトウ Pseudaletia separata など, ヤガ科害虫の共通の性質である.

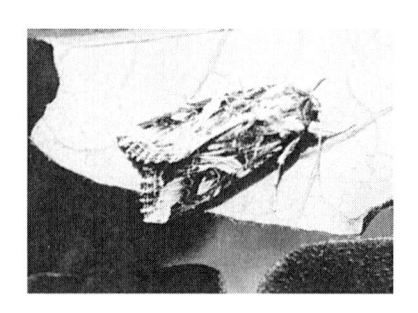

図 3.14 ハスモンヨトウ雄成虫
(山中久明原図)

　年間 3〜4 世代繰り返す. 休眠がないため, 施設栽培作物で越冬するものが翌年の野外での発生の主流であると考えられている. ハスモンヨトウは葉を食害する以外に蕾や花も加害するため, 果菜類では傷果や奇形果の原因にもなる.

発生予察には性フェロモン（図4.13参照）を用いたトラップが有効である．高知県ではフェロモントラップへの誘殺数が7月に半旬（5日間）で950匹, 8月には800匹を越えると, それから約2週間後に被害が出はじめると予想されている（表5.1参照）．

ハスモンヨトウは多くの捕食性天敵（特にコサラグモ類が重要）に攻撃され, 野外での最大の死亡要因になっている. 大規模な機械開墾により天敵相を破壊して作物を栽培すると大きな被害を受けることがある. 性フェロモンを用いた交信攪乱剤が実用化されている．

畑作物は種類が多く害虫の種類も多い. アワヨトウ, アワノメイガ Ostrinia furnacalis （イネ科）, シロイチモンジマダラメイガ Etiella zinckenella, マメシンクイガ Leguminivora glycinivorella （マメ科）, ナカジロシタバ Aedia leucomelas（サツマイモ）, ジャガイモキバガ Phthorimaea operculella, ニジュウヤホシテントウ Henosepilachna vigintioctopunctata （ナス科）, タネバエ Hylemya platura（多作物）, カメムシ類, アブラムシ類, コガネムシ類, ハダニ類などが被害を与える. 最近オオタバコガ Helicoverpa armigera の野菜や花卉類の被害が増加している（p.110参照）．

4) カンキツ害虫―ミカンツボミタマバエ　　ミカンツボミタマバエ Contarinia okadai はミカンの最重要害虫ではないが被害の与え方が特異的であり, とりあげる．

このタマバエはミカンの蕾に産卵し, 幼虫が内部で摂食発育する. 加害を受けた蕾は落下し, 老熟幼虫は土中にもぐり休眠に入り越冬する. 翌年4月ごろ蛹化して5月に成虫が羽化し産卵する．

ミカンでは最終的に収穫する果実数は蕾数の15～20％にすぎない. すなわち, 適正な着果数の7～10倍も蕾をつけているのが普通である. したがって, 余分な蕾はタマバエの被害で落下しても収量の減少には結びつかない. ミカン栽培では適正な着果数にするために幼果時にわざわざ摘果作業がなされるので, このような場合, むしろ益虫であるとさえいえる. ところが果樹には隔年結果性があり, 蕾を多くつける表作年と蕾の少ない裏作年に分かれる. 裏作年では適正着果数の2～3倍かそれ以下しか蕾をつけない. このような年にタマバエの加害が多いと収量は減少する．

ミカンツボミタマバエの特異な被害の与え方を詳しく分析し, 25葉当たり1果の適正着果を得るための防除要否の基準が図3.15のように設定されている．

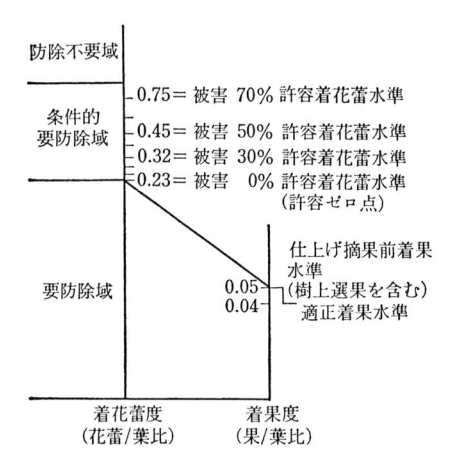

図 3.15 ウンシュウミカンツボミタマバエの被害レベルと防除要否の決定（加藤, 1980）

温州ミカンの自然落果率80%，落葉率10%，仕上げ摘果率を20%と仮定した場合の葉当たり花蕾数のレベルによって防除要否が決められている．最終的に25葉当たり1果（着果度0.04）が確保される．

図中：
- 防除不要域
- 条件的要防除域
  - 0.75＝被害 70% 許容着花蕾水準
  - 0.45＝被害 50% 許容着花蕾水準
  - 0.32＝被害 30% 許容着花蕾水準
  - 0.23＝被害 0% 許容着花蕾水準（許容ゼロ点）
- 要防除域
  - 0.05＝仕上げ摘果前着果水準（樹上選果を含む）
  - 0.04＝適正着果水準
- 横軸：着花蕾度（花蕾/葉比），着果度（果/葉比）

タマバエの生活史から殺虫剤散布は，① 羽化前の幼虫・蛹を対象に土壌に散布する，② 成虫産卵時に樹冠部へ散布する，③ 蕾内の幼虫を防除するために蕾や花に散布するなどが考えられるが，成虫防除がもっとも実用的であるといわれている．4～5月の成虫羽化時に樹下地表面をビニールで被覆して羽化を阻止する方法も有効である．

カンキツ害虫にはこのほか，ナシマルカイガラムシ Comstockaspis perniciosa などカイガラムシ類，ミカンコナジラミ Dialeurodes citri，ミカントゲコナジラミ Aleurocanthus spiniferus，ミカンクロアブラムシ Toxoptera citricidus などアブラムシ類，チャノキイロアザミウマ Scirtothrips dorsalis，ミカンハダニ，ミカンハモグリガ Phyllocnistis citrella，ハナムグリ類など訪花昆虫，タマムシやカミキリムシ類の樹幹潜孔害虫などがある．

5) 寒冷地果樹・落葉果樹害虫—モモシンクイガ　モモシンクイガ Carposina niponensis はナシヒメシンクイ Grapholita molesta とともにリンゴ，ナシ，モモなどの果実を直接加害する重要害虫である．ただし，両者は年間発生回数が異なり，加害部位も必ずしも一致しない．すなわち，モモシンクイガは果実のみを加害するが，ナシヒメシンクイでは果実のほかにモモの新梢部，ビワの枝幹のがんしゅ病斑部周辺などでの被害も問題になる．モモシンクイガは冷涼地での発生が多く，リンゴ地帯で特に問題となっているが，温暖地でも所によってナシやモモの果実被害が重視される（図 3.16）．

冷涼地では年2回，温暖地では年2～3回の発生を繰り返す．成虫は果実表面に産卵し，幼虫は果実内で果肉を食害して発育する．発育を完了した幼虫は地上に落下し，土中でまゆをつくる．まゆには紡錘形（夏まゆ）と円形（冬まゆ）の2種類があり，非休眠幼虫は前者，休眠幼虫は後者をつくる．幼虫で越冬し，翌

年蛹化し成虫が羽化する.

モモシンクイガ成虫は予察灯にあまり飛来せず発生予察がむずかしかったが，最近では性フェロモントラップが開発されており，成虫発生時期の予察に有効である．欧米などのリンゴの大害虫コドリンガ *Laspeyresia pomonella* と同様，果実を直接加害するため低密度でも防除が欠かせず，発生予察は殺虫剤散布適期の決定に重点がおかれる．

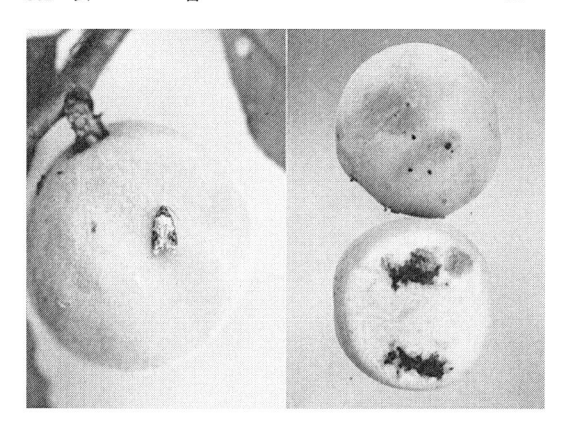

図 3.16 モモに産卵中のモモシンクイガ雌成虫（左）と幼虫による被害果（右）（田中福三郎原図）

ナシヒメシンクイなどと同様，果実の袋かけによって被害を防ぐことができるが，無袋栽培では孵化幼虫侵入防止のため7～8回の殺虫剤散布が必要な場合もある．おもに有機リン剤が防除剤として用いられる．被害果実の確実な処分もそれ以降の発生量を減らすのに重要である．最近では重要なシンクイガ類，ハマキガ類を性フェロモンで同時に防除する複合交信攪乱剤が実用化されている（第4章 p.127）参照）．

寒冷地果樹・落葉果樹の害虫は種類が多く，その多くが複数の作物を加害するので，おもなものを表3.1にまとめて示した．

b．貯蔵害虫

圃場の作物を加害する害虫に対し，収穫後，流通・貯蔵中に発生する害虫がある．これらは貯蔵食品害虫といわれる．とくに長期間貯蔵されることの多い穀物の害虫（貯穀害虫）の被害は，ネズミ類の被害とあわせてかなりにのぼる．わが国のような先進国でも5～10％の被害があると推定されている．

貯穀害虫のバクガ *Sitotroga cerealella* やアズキゾウムシ *Callosobruchus chinensis* のように圃場で産卵，加害されたものが収穫され貯蔵場所に持ち込まれ，さらにそこで増殖加害するタイプを野外加害，コクゾウ *Sitophilus zeamais*，コクヌストモドキ *Tribolium castaneum*，ノシメマダラメイガ *Plodia interpunctella* などのように，倉庫や加工場内に定住して新しい貯穀物に侵入加害するタイプを残留加害という．そのほか輸送の過程で加害貯蔵物から隣接穀物

表 3.1 寒冷地果樹・落葉果樹の重要害虫(山口・大竹 1986 より作成)

害虫の目など*	害虫の種名（おもな加害作物）
アザミウマ目	チャノキイロアザミウマ（ブドウ，カキ）
カメムシ目	クサギカメムシ，チャバネアオカメムシ，ツヤアオカメムシ（ナシ，モモ，カキ），ユキヤナギアブラムシ（リンゴ，ナシ），リンゴワタムシ（リンゴ），ブドウネアブラムシ（ブドウ），フタテンヒメヨコバイ（ブドウ），クワコナカイガラムシ（リンゴ，ナシ），フジコナカイガラムシ（カキ），ウメシロカイガラムシ（モモ，オウトウ，ウメ），カツラマルカイガラムシ（クリ）
チョウ目	キンモンホソガ（リンゴ），ナシチビガ（ナシ），モモハモグリガ（モモ），モモシンクイガ（リンゴ，モモ，ナシ），ナシヒメシンクイ（ナシ，モモ），カキノヘタムシガ（カキ），モモノゴマダラノメイガ（モモ，クリ），リンゴコカクモンハマキ，チャハマキ，ミダレカクモンハマキ（リンゴ，ナシ，モモ，オウトウ，カキ），アケビコノハ，アカエグリバ，ヒメエグリバ（ナシ，モモ，ブドウ），クリミガ（クリ）
コウチュウ目	クリタマムシ（クリ），ゴマダラカミキリ（リンゴ，ナシ），キボシカミキリ（イチジク），シロスジカミキリ（クリ），アカガネサルハムシ（ブドウ），モモチョッキリゾウムシ（リンゴ，モモ），クリシギゾウムシ（クリ），リンゴアナアキゾウムシ（リンゴ，オウトウ），ハンノキキクイムシ，サクセスキクイムシ（リンゴ，カキ，クリ）
ハチ目	クリタマバチ（クリ）
ハエ目	オウトウハマダラミバエ（オウトウ）

* ハダニ類は表 2.10，線虫類は表 3.4 参照．

に害虫が移行する交叉加害，小売店頭と問屋の間で被害商品から新しい商品へと被害が移行していく循環加害などがある（図 3.17）．

貯穀害虫には粒状穀物を加害するコクゾウ，バクガなどと，粉を好んで加害するノシメマダラメイガ，ノコギリヒラタムシ *Oryzaephilus surinamensis*，コクヌストモドキ，ヒラタコクヌストモドキ *Tribolium confusum* などがある．

一度貯穀に害虫の侵入を許してしまうと，豊富な餌資源と安定した物理環境条件下で個体群はほとんど指数的に増殖する．このように害虫に食われて穀物が減少する直接被害は大きいが，害虫の増殖による発熱・高湿化が微生物の増殖を誘発し，穀物が変質してしまう被害も無視できない．

貯穀害虫の被害を少なくする最良の方法はもとより早く消費することである．しかし長期に穀物を貯蔵する場合には，害虫の発生を早期に発見し防除しなければならない．そのためには，貯蔵袋ごとの定期的サンプリング，温度変化によるモニタリング，倉庫内にライトトラップやフェロモントラップを設置するなどさまざまな方法がとられる．

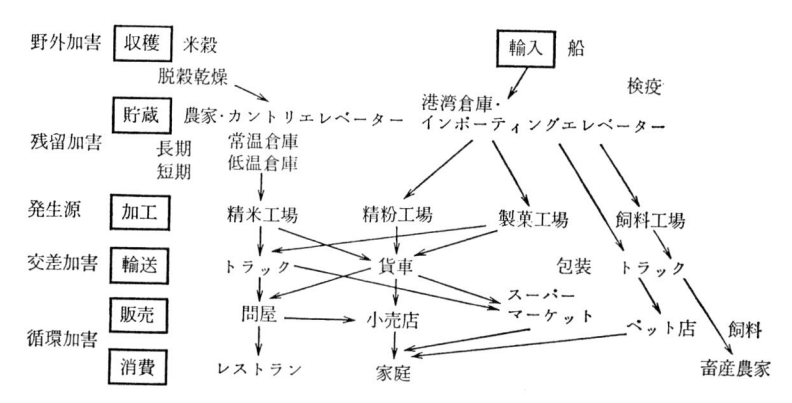

図 3.17 穀物・食品の流れ図．このなかで害虫は発生している（吉田, 1985）

最も普通に用いられる防除法は臭化メチル，リン化水素を用いた燻蒸である．臭化メチルについては，オゾン層破壊の原因となるため，21 世紀はじめに使用できなくなる．その代替法として，炭酸ガス燻蒸などの代替技術の開発が求められている．

3.3 雑 草 害

わが国では，1950 年代の終り頃から 1980 年にかけて水田を中心に除草剤が急速に普及し，炎天下の厳しい労働であった除草作業が著しく軽減されていった．

a．発生要因

雑草害の発生要因は，表 3.2 のようにまとめられる．

表 3.2 に示した光との競合において雑草が示す出芽・発生時期，遺伝的形態・構造的特性の優位性は，有用植物にもっとも大きな被害を与える．養分，水分との競合，アレロケミックス*，病害虫や土壌線虫の伝染源は，それほど大きな被害を与えない．しかし，雑草の繁茂や枯死体の堆積による公園やレジャー施設などによる景観や環境の悪化は，人間のさまざまな価値観などが入り込んでくるので，雑草害の程度を客観的に決めることはできない．

* アレロケミックスとは，生態系の中である植物が放出して他の植物に直接あるいは間接に害を与える，いわゆるアレロパシー（他感作用）の原因になる化学物質（アレロパシー物質）をいう．雑草害を含む多くの植物間相互作用にアレロパシーがかかわっていると一般に考えられているが，アレロケミックスの存在が証明された例は数少ない．しかし，この物質が生理活性を持つ可能性は高く，今後栽培植物へのアレロパシー能の導入が広く植物保護の面から注目されるであろう．
なお，「アレロパシー」現象は微生物をも含むすべての生物相互間の生化学的なかかわり合いとしてとらえるべきで，ある生物が他の生物に与えるすべての影響を言い表す「干渉」の 1 つという表現がより正確である．「アレロパシー」は「競合」と合わせて「干渉」に含まれよう．

表 3.2 雑草害の発生要因(伊藤, 1993 より作成)

発 生 要 因	備考 (害作用)
光との競合において雑草が示す出芽・発生時期, 遺伝的形態・構造的特性の優位性	生育阻害, 収量減
養分, 水分との競合において雑草が示す根の形態, 発達程度, 活力の優位性	
雑草が分泌するアレロケミックス	生育阻害
伝染源(病原菌の寄生, 中間宿主, 越冬場所, 媒介虫の生息場所;害虫や土壌線虫の生息場所)としての雑草	病虫害, 線虫害
雑草(ネナシカズラ類[1] *Cuscuta* spp.; ヤドリギ類[2] *Viscum* spp., *Arceuthobium* spp., *Phoradendron* spp.; ナンバンギセル類[1] *Aeginetia* spp., *Orobanche* spp.; Witchweed *Striga asiatica*[2])の寄生性	養分吸収
雑草の繁茂, 枯死体の堆積	作業能率低下;景観, 環境悪化

1) 全寄生性, 2) 半寄生性

b. 防　除

　除草剤はゴルフ場を初め, 公園, 庭園, 道路法面などの管理に普及したが, 適切な使い方をしていない. 除草剤は, その場限りの手段として用いられ, 雑草の特性を考えていないので, 防除を一層困難なものにしている. さらに, 除草剤の不用意な連用や過度の散布が土壌における残留や水系への流出を招いている. このような問題が多い状況下では, ① 年間の防除時期を定め, 場所によって除草剤を使い分けるか, 作用が異なる薬剤を混用して効果を高め, 使用量を減らすこと, また, ② 場所を雑草の発生量によってグループ分けし, グループごとに散布適期に除草剤を単用または混用処理すること, などにより雑草の発生生態に対応した除草剤の使い方をするとよいといわれている.

　非農耕地の雑草防除は, 鉄道敷, 河川敷というように分けて行うのではなく, 望ましい除草の程度およびその場所の状況に応じて行う. 非農耕地で具体的に考えられる防除法をまとめると, 表3.3に示すとおりになる.

　林地で雑草や雑木の防除が行われるのは, 育材初期の針葉樹と林業苗畑である. 造林地の除草作業には, 地ごしらえ, 下刈り, つる切り, 除伐がある. ササ類 *Sasa* spp. は造林時に被害を与える. 林地における木本の雑灌木類も防除の対象になる.

　水生植物は河川湖沼, クリーク, 用排水路, 貯水池, 農業用ため池, リゾート

表 3.3 非農耕地の立地，除草目標および植生別の雑草防除法（伊藤，1993を改変）

防除の種類	対象植生	除草目標	防除手段
平地の全植生防除	大型多年生雑草の群落	現植生を排除し，長期的に裸地化 現植生を排除し，他の植生へ移行 一時的抑草	土壌兼茎葉処理 土壌兼茎葉処理 刈取り
	一年生雑草中心の群落	長期的に裸地化 一時的に抑草	土壌（兼茎葉）処理 刈取り，茎葉処理
	全植生	裸地化状態の維持	土壌処理
法面植生の維持	大型多年生雑草の群落	現植生を排除し，他の植生へ移行	茎葉処理
	法面に適した植生 (低草高イネ科中心)	維持管理	刈取り，広葉の選択的除草
	張り芝の残存箇所	雑草の選択的防除	芝用除草剤の使用

地の池などで生育し，生態系の一員である．しかし，一部の草種が大発生すると，水系利用上弊害を生じて水生雑草となる．

水生雑草には，浮漂植物，浮葉植物，沈水植物，抽水植物がある．わが国で問題になっているのは，ホテイアオイ（浮漂植物），キシュウスズメノヒエ（抽水植物），オオカナダモ *Elodea densa*（沈水植物），オオフサモ *Myriophyllum brasiliense*（抽水植物）である．在来のヨシ *Phragmites communis*，ガマ *Typha latifolia*，マコモ *Zizania aquatica*（以上，抽水植物）も被害を出すことがある．水生雑草の一般的な防除法は，切断して陸に引き上げるが，費用と労力がかかる．しかし，引き上げた植物体を燃料，飼料，肥料にすることも考えられている（ホテイアオイなど）．冬季に水位を下げ，越冬茎を枯死させることも有効な場合がある．水底にビニールシートを敷いたり，水底をさらえることもある．浮漂性雑草は浮きなどで仕切って繁茂水域の拡大を防ぐこともあり，耐塩性の低いものは水流のあるときに海に放流することもある．わが国には水生雑草に対して登録された除草剤はない．生物的防除には，ソウギョ，マナティ，アヒル，昆虫類，植物病原菌などによる方法がある．

多くの水生雑草は，富栄養化に伴って増えてきたので，生活廃水，畜産廃水，農業廃水（肥料）などがそのまま水系へ流入しないようにする．

3.4 線虫害

a. 種類と被害

わが国のおもな作物加害線虫とその寄主植物を表3.4に示した.

線虫の被害は線虫の吸汁による養分吸収や線虫（または共生微生物）が出す毒素による作物の生長抑制などの直接被害と，加害部への病原微生物の感染を伴う複合被害とに分けられる．ドリライムス目の線虫には植物ウイルスを伝播するものがあり，*Trichodorus* 属線虫は棒状の Tobravirus を，*Xiphinema* 属や *Longidorus* 属線虫は球状 Nepovirus を伝播する．

ネグサレセンチュウ類は寄生部位の組織を破壊して機械的損傷を与える．ネコブセンチュウ類は，加害部の組織を肥大させゴールを形成して同化物や代謝物をゴールに集中させ，ほかへの転流を妨げる．そのため根の伸長が悪くなり，植物の生長を抑制する（図3.18）．これらのセンチュウ類が寄生すると

図 3.18 サツマイモネコブセンチュウによるニンジンの被害（西沢務原図）

表 3.4 わが国のおもな線虫とその加害作物（石橋，1981に追加）

線　　虫	加　害　作　物
イネシンガレセンチュウ	イネ，キク，イチゴ
キクハガレセンチュウ	キク，イチゴ
キタネグサレセンチュウ	ダイズ，イネ科牧草，ウリ科，アブラナ科，ニンジン，イチゴ，キク，モモ，リンゴ
ミナミネグサレセンチュウ	ジャガイモ，サツマイモ，サトイモ，ダイズ，サトウキビ，ナス，トマト
クルミネグサレセンチュウ	ジャガイモ，イチゴ，リンゴ
ダイズシストセンチュウ	マメ科
ジャガイモシストセンチュウ	ジャガイモ，トマト
サツマイモネコブセンチュウ	サツマイモ，ダイズ，ナス科，ウリ科，モモ，ブドウ，イチジク
キタネコブセンチュウ	ジャガイモ，マメ科，ナス科，ウリ科，アブラナ科，クワ，チャ
ジャワネコブセンチュウ	ナス科，ウリ科，タバコ，エンドウ，コンニャク
アレナリアネコブセンチュウ	ナス科，ウリ科，アブラナ科，クワ，リンゴ，モモ
ナミクキセンチュウ	タマネギ，ジャガイモ，タバコ，マメ科，球根類
ミカンネセンチュウ	ミカン，ブドウ，カキ，ナシ，ビワ
ニセフクロセンチュウ	サツマイモ，トマト，ダイズ，ゴボウ

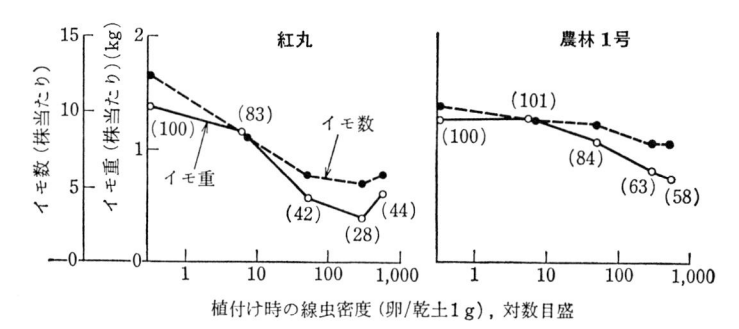

図 3.19 ジャガイモシストセンチュウの植付け時密度とジャガイモ収量の関係（山田，1980）
紅丸，農林1号は品種名，図中カッコ内数字は線虫数ゼロ時の収量に対する比率（％）．

組織破壊やゴール形成部位から病原微生物が侵入しやすくなるほか，植物がもつ耐病性が低下し，*Fusarium, Pythium, Rhizoctonia* 菌などの感染が容易になることが知られている．マツノザイセンチュウは感染初期においてマツの樹脂道の細胞を摂食し組織を破壊する（2章 p.62 参照）．

1972年に北海道で初めて発見されたジャガイモシストセンチュウ *Globodera rostochiensis* はヨーロッパではジャガイモの大害虫として知られており，わが国への侵入が最も警戒されていたものの1つであった（p.138 参照）．図 3.19 にジャガイモシストセンチュウの密度と被害の関係を示した．図から品種によって被害の受け方が異なることがわかる．

線虫類の中には個体群の違いによってある寄主植物で増殖できたり，できなかったりするものがある．これをレースという．ネコブセンチュウ類のレースを寄

表 3.5 寄主反応によるネコブセンチュウの種およびレースの判別
(Taylor and Sasser, 1978；西沢，1981)

センチュウの種およびレース	判別寄主					
	タバコ	ワタ	ピーマン	スイカ	ラッカセイ	トマト
サツマイモネコブ						
レース 1	−	−	＋	＋	−	＋
レース 2	＋	−	＋	＋	−	＋
レース 3	−	＋	＋	＋	−	＋
レース 4	＋	＋	＋	＋	−	＋
アレナリアネコブ						
レース 1	＋	−	＋	＋	＋	＋
レース 2	＋	−	−	＋	−	＋
ジャワネコブ	＋	−	−	＋	−	＋
キタネコブ	＋	−	＋	−	＋	＋

主植物の違いで判別した例を表3.5に示した．また抵抗性品種が存在する場合，ジャガイモシストセンチュウのようにその抵抗性品種をも加害できる個体群をパソタイプ（昆虫ではバイオタイプ，p.108参照）という．

地上部の葉，茎，生長点などに寄生するハガレセンチュウ，メセンチュウ，クキセンチュウ類は，寄主植物部位を変色，変形させ，同化作用や代謝作用を阻害する．イネシンガレセンチュウはイネのもみ内で摂食・加害し，黒点米の原因となり，吸穂性カメムシ類などとともに米質低下を招く．

b. 防　除

1) 輪　作　同種の作物を継続栽培するとしばしば収量が低下する．これを連作障害というが，その原因の一つが線虫害である．この被害を回避するために異なった作物の輪作が行われている．表3.6に輪作の前作として好ましい作物をおもな線虫種ごとに示した．表3.4の線虫の加害作物とあわせると適切な輪作の組合せを見出すことができる．

2) 化学的防除　化学的防除は，作物栽培前に行う土壌燻蒸剤の利用が中心

表3.6　線虫密度の増加が少なく前作としては好ましい作物(後藤，1978；石橋，1981)

作物	サツマイモネコブセンチュウ	ジャワネコブセンチュウ	アレナリアネコブセンチュウ	キタネコブセンチュウ	ミナミネグサレセンチュウ	キタネグサレセンチュウ
イネ科				○		
陸稲				○		
エンバク	○			○	○	
トウモロコシ	○			○		
スイカ				○		
ピーマン		○				
オクラ				○		
イチゴ	○	○	○			
キャベツ					○	
アスパラガス	○			○		○
ラッカセイ	○	○			○	○
サツマイモ(抵抗性品種)	○					○
サトイモ	○					○
ダイズ(夏ダイズ1号)	○					
マリーゴールド	○					○
クロタラリア				○	○	

注：1) ○印はその線虫の密度抑制に使える（使えそう）．
　　2) 寄主作物でも，捕獲作物的な効果のゆえか，その栽培跡地で有害線虫の密度が低い作物がある（サトイモ，夏ダイズなど）．

である．殺線虫剤としてはテロン 92 とジクロロプロペンを主成分とした D-D 剤がよく知られている．このほか，土壌病害や雑草の防除も兼ねて用いられる臭化メチルやクロルピクリン剤による燻蒸も有効である．ビニールで被覆するなどしてこれらの薬剤を処理し 1～2 週間おいた後，土壌をよく耕起してガス抜きを行う．ガス抜きが不十分なときは作物の薬害を生じる．DCIP 剤や有機リン系の一部の薬剤など植付け後にも処理が可能な殺線虫剤もある．

3) 抵抗性品種，殺線虫植物　植物の中には，単に線虫の寄生を受けにくいだけでなく殺線虫物質を出して線虫の密度を下げるものもある．マリーゴールドの出すアルファーテルセニール（α-terthienyl）やバイセニール（bi-thienyl）はネグサレセンチュウ類の密度を下げる．これらの物質を出す植物を対抗植物という．また，植物の根から分泌されるある種の物質がシストセンチュウ類の卵を孵化させることが知られている．ダイズシストセンチュウ *Heterodera glycines* のグリシンエクレピン A（glycinoeclepin A）もその一つである．これらの成分の構造式がわかり合成されるようになれば，作物の休閑期に卵を孵化させて餓死させることも可能になるだろう．

図 3.19 に示したような抵抗性品種の利用も有効である．米国でカンキツ類の慢性衰弱病といわれているミカンネセンチュウ *Tylenchulus semipenetrans* の被害はわが国では比較的問題が少ない．わが国ではカンキツ類の苗木の台木に線虫抵抗性のカラタチを用いるためである．

4) その他　線虫類の天敵にはウイルス，細菌，糸状菌，捕食性線虫，トビムシ，ダニなどがいる．これらの天敵を用いた生物的防除の研究もなされており，線虫捕食菌で生物農薬として登録されたものもある．

近年，省エネルギーの観点から太陽熱利用による土壌消毒が注目されている（p.109 参照）．また，ビニールハウスの休閑期に湛水状態にしておくと線虫密度は低下する．物理的防除法の一つに球根やイネの種もみの温湯浸漬法がある．

3.5　鳥類，哺乳類の被害と自然保護

a．鳥類の被害

1) 種類と被害　鳥類のうちスズメ *Passer montanus*，ニュウナイスズメ *P. rutilans* などのスズメ類，キジバト *Streptopelia orientalis*，ドバト *Columba livia* などのハト類，ハシブトガラス *Corvus macrorhynchos*，ハシボソガラス *C. corone*，オナガ *Cyanopica cyanua* などのカラス類，ムクドリ *Sturnus cine-*

raceus, コムクドリ *S. philippensis* などのムクドリ類, ヒヨドリ *Hypsipetes amaurotis*, シロガシラ *Pycononotus sinensis*, キジ *Phasianus colchicus* ガン・カモ類のカルガモ *Anas poecilorhyncha*, ヒドリガモ *A. penolope*, などが主として農作物に被害を与える.

被害のもっとも大きいのはカラス類であり (表3.7), 特に野菜, 果樹の被害量が多い. 北海道ではカラスによるロールパックサイレージ, デントコーンなど

表 3.7 主な鳥獣による作物別被害発生状況(1993年)(農林水産省, 植物防疫課, 1996)
(被害面積:ha, 被害量:t)

		ハト			カラス			イノシシ		
		被害面積		被害量	被害面積		被害量	被害面積		被害量
合計		18,884		10,707	53,602		42,345	16,906		19,372
上位5作物	①	水稲	6,334	飼料 4,686	水稲	23,823	野菜 13,951	水稲	8,763	水稲 4,964
	②	マメ	5,522	野菜 2,229	果樹	13,863	果樹 11,342	野菜	2,192	イモ 3,423
	③	ムギ	2,660	マメ 1,710	野菜	8,148	飼料 8,766	イモ	2,024	果樹 2,929
	④	野菜	2,206	水稲 698	マメ	3,081	工芸 3,373	果樹	1,918	野菜 2,443
	⑤	飼料	1,301	果樹 449	ムギ	1,912	水稲 3,370	工芸	644	飼料 2,192

		シカ		サル		
		被害面積	被害量	被害面積		被害量
合計		28,994	192,065	5,165		4,919
上位5作物	①	飼料 22,325	飼料 152,140	果樹 1,936	果樹	1,760
	②	工芸 1,684	工芸 29,655	野菜 1,741	野菜	1,553
	③	水稲 1,496	野菜 4,685	水稲 988	水稲	627
	④	ムギ 1,463	水稲 1,635	マメ 182	飼料	426
	⑤	野菜 1,178	イモ 753	イモ 155	イモ	362

図 3.20 1976年に沖縄本島に侵入が確認され, その後定着, 増殖して果樹や果菜類などに被害を与えているシロガシラ (金城常雄原図)
左図は後頭部が黒いタイプ, 右図はトマトを加害中の後頭部の白いタイプ.

表 3.8 鳥獣による農作物被害の年次変化(農林水産省,植物防疫課,1996)
(被害面積：1,000 ha,被害量：1,000 t)

(1) 鳥類

年次	合計 被害面積	合計 被害量	カモ 被害面積	カモ 被害量	キジ 被害面積	キジ 被害量	ハト 被害面積	ハト 被害量
1982	171.6(100%)	57.2(100%)	19.6	1.8	0.6	0.3	16.4	8.9
1987	195.4(114%)	66.5(116%)	25.5	2.6	0.4	0.3	25.0	9.4
1991	194.2(113%)	80.9(141%)	33.0	2.1	0.6	0.5	20.1	10.2
1992	207.0(121%)	66.6(116%)	38.7	3.8	0.8	0.9	27.7	12.3
1993	168.2(98%)	74.9(131%)	25.7	5.7	0.6	0.7	18.9	10.7

年次	スズメ 被害面積	スズメ 被害量	カラス 被害面積	カラス 被害量	ヒヨドリ 被害面積	ヒヨドリ 被害量	ムクドリ 被害面積	ムクドリ 被害量	その他の鳥類 被害面積	その他の鳥類 被害量
1982	85.7	8.5	28.7	26.5	7.9	5.1	7.9	3.9	4.8	2.3
1987	79.6	10.6	41.7	24.6	10.9	11.5	6.6	5.1	5.6	2.4
1991	60.1	7.8	58.8	35.6	9.1	16.1	6.6	6.5	5.8	2.1
1992	55.9	7.7	62.8	31.8	7.5	6.1	8.6	2.6	5.0	1.4
1993	50.5	5.8	53.6	42.3	7.1	5.8	7.4	2.4	4.5	1.5

(2) 獣類

年次	合計 被害面積	合計 被害量	ノウサギ 被害面積	ノウサギ 被害量	クマ 被害面積	クマ 被害量	イノシシ 被害面積	イノシシ 被害量	シカ 被害面積	シカ 被害量
1982	57.3(100%)	28.1(100%)	3.4	2.5	0.5	0.4	9.7	16.4	—	—
1987	52.9(92%)	36.7(131%)	4.1	3.4	0.3	1.9	10.2	12.1	2.7	10.8
1991	65.4(114%)	68.9(245%)	3.3	3.5	1.9	2.4	14.7	18.4	19.6	31.5
1992	72.4(126%)	156.6(557%)	2.6	1.4	1.5	4.2	16.2	19.9	29.0	119.1
1993	70.1(122%)	235.9(840%)	2.9	1.7	1.0	3.5	16.9	19.4	29.0	192.1

年次	サル 被害面積	サル 被害量	カモシカ 被害面積	カモシカ 被害量	ノネズミ 被害面積	ノネズミ 被害量	モグラ 被害面積	モグラ 被害量	その他の獣類 被害面積	その他の獣類 被害量
1982	1.3	1.6	—	—	37.7	5.6	1.2	0.1	3.3	0.9
1987	3.3	2.9	—	—	24.0	3.8	0.4	0.1	7.9	1.7
1991	5.0	5.5	0.9	0.6	17.5	3.1	0.6	0.3	2.1	3.6
1992	5.7	5.5	0.5	0.7	13.1	2.0	0.6	0.1	3.1	3.7
1993	5.2	4.9	0.6	0.5	10.3	2.5	0.5	0.1	3.7	11.3

牧草の被害が著しい．続いてハト類で，飼料作物，野菜，豆に大きな被害を与える．その後，スズメ類，ヒヨドリ，カルガモと続く．それぞれの被害面積や被害量はともに年々多くなる傾向にある（表3.8）．

カルガモの被害は，イネの省力栽培技術として近年普及している直播栽培において，特に注目されるようになってきた．カルガモの種粒摂食は昼間だけでなく夜間にも行われる．沖縄県では，1970年代中頃に沖縄本島に進入したシロガシ

ラ（図 3.20）の果樹，野菜，花卉類の被害が年々拡大している．

　鳥には一年中わが国にいる留鳥，年中いるが夏期には高地へ移動して繁殖し，冬に平地におりてくる漂鳥，地理的な渡りをする渡り鳥がある．渡りをする種のうち，冬日本で過ごし夏に北方へ移動して繁殖する種を冬鳥，夏期にわが国にきて繁殖し，冬季に南方へ移動する種を夏鳥という．渡り鳥や漂鳥も，作物栽培期に飛来すれば害鳥となりうる．

　雑食性の鳥類の多くは，繁殖期の春から夏にかけてひなを育てるために昆虫や小動物などの動物質の餌をおもに採餌するが，非繁殖期の秋から冬にかけては植物食が中心を占めるようになるため害鳥化する（図 3.21）．ハト類はひなの餌に親がピジョンミルクの形にして与えるので年中繁殖することができ，春から夏にかけても植物質の餌をとるためにこの時期にも害鳥となる．

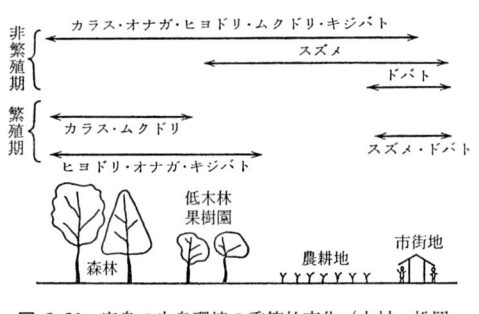

図 3.21 害鳥の生息環境の季節的変化（中村・松岡，1981）

　また鳥類の多くは，繁殖期につがいを形成し，巣の周辺を防衛する縄ばり（テリトリー）行動を示す．この行動は，ふつう非繁殖期にはみられなくなり，群で行動するものが多くなる．このような群が農作物を襲うため，局地的に大きな被害を与えることが多い．

2）防除　　鳥害の防止方法には，大きくいって次の3つがある．① 鳥を作物圃場へ近づけない，② 鳥の加害期を外して作物を栽培する，③ 鳥の個体数を減らすなどである．

　鳥を作物に近づけない方法には，防鳥網，張りひもなどで排除する方法や，聴覚，視覚，化学的刺激などを用いる方法がある．わが国で古くから用いられた鳴子や引き板，最近のカーバイドやプロパンガスを用いた爆音器，爆音とともに猛禽類のタカの模型が打ち上げられるラゾーミサイル，鳥に不快感を与える低周波を発信するアバラーム，鳥の悲鳴や警戒音をスピーカーで放声するなどは聴覚的忌避法である．

　視覚的忌避法には昔から案山子（かかし）やカラスの死体が用いられていた．眼状紋を鳥が嫌う性質を用いて目玉模様風船などが開発され，市販されている．

これらの方法はいずれも鳥の心理的な反応を応用したものであるが，最大の難点は，時間の経過とともに鳥が慣れて効果が低下することである．そのため，慣れをより生じにくいモデルの研究が進められている（図3.22）．

科学的忌避剤にはチウラム剤，テトラヒドロチオフェン剤，ジアリルジスルフィド剤，酸化第二鉄剤などが農薬登録されている．このほか，嘔吐作用をもつメチオカルブ剤，鳥に異常な飛翔行動を誘発させる4-アミノピリジン剤，麻痺を起こさせるα-クロラローゼ剤なども外国では開発されている．

図 3.22 カラスのねぐらの移動に用いた「超正常視覚刺激くねくねモデル」
針金を黒の塩化ビニルで被ったもので，ヘリウムガスを入れた気球で空中につるすと「くねくね」と動き，鳥たちが驚き移動する（城田，1996）

多くの鳥類では植物食になる時期が決まっていることから，この時期を外して作物を栽培すると鳥害が防げる．このため栽培時期を前後にシフトできるような早生，晩生種の品種改良もなされている．一方，鳥害を広域に分散させるために広域一斉栽培も行われる．この方法では鳥害の総量は変わらないが，特定の栽培者にかたよる被害は避けられる．

あまりにも鳥害が著しい場合には，射殺や捕殺も行われる．これを行うには，都道府県知事［種類によっては環境大臣］に申請して有害鳥獣駆除の許可を得る必要がある．後にも述べる有害哺乳類捕殺も含めて自然保護とのかねあいがむずかしい問題である（p.93参照）．

近年被害の増加が著しいカラス類に対する捕獲個体数は年々増加し，最近では，全国で毎年45万羽が捕獲されている．これは全個体数の推定値の10%を越えるが，それでもカラスは増加し続けている．北海道では，大型の金網小屋におとりのカラスを閉じこめた捕獲小屋が考案され，各地に普及している．

b. 哺乳類の被害

1) 種類と被害 わが国では古くからネズミ類やイノシシによる農作物の被害があったが，近年大規模な開発による森林の破壊が進み自然環境が悪化し，棲み場所を失ったシカ，サル，クマ，カモシカなどの野生動物が飼料作物，野菜，果樹などの農作物に被害を与えるようになり，問題になっている（表3.7）．

わが国に生息するネズミ（ゲッ歯目）は約20種いるが，野鼠と呼ばれ農作物

を加害するおもな種は，ハタネズミ Microtus montebelli，ドブネズミ Rattus norvegicus，アカネズミ Apodemus speciosus，ハツカネズミ Mus musculus，エゾヤチネズミ Clethrionomys rufocanus，沖縄ではサトウキビやパイナップルなどを加害するクマネズミ Rattus rattus である．造林地ではエゾヤチネズミ，スミスネズミ Eothenomys smithi，ハタネズミなどが生息し，幼齢造林を食害する．ちなみに，家屋内に生息する家鼠は，クマネズミ，ドブネズミ，ハツカネズミの3種である．

ウサギ（ウサギ目）にはユキウサギ Lepus timidus とノウサギ L. brachyurus の2種がいる．飼育されているカイウサギはヨーロッパ原産のアナウサギ Oryctolagus cuniculus を品種改良したものである．クマ（食肉目）類には北海道のヒグマ Ursus arctos と本州のツキノワグマ Selenarctos thibetanus がいる．前者はときどき家畜を襲う．ツキノワグマは樹皮の皮を剥皮する被害（くまはぎ）を与える．偶蹄目にはニホンイノシシ Sus scrofa，ニホンシカ Cervus nippon，ニホンカモシカ Capricornis crispus がいる．ニホンカモシカはシカ科ではなく牛科に属する動物である．近年ニホンシカの森林被害の増加が著しい．霊長目のニホンザル Macaca fuscata も農作物や林木に被害を与える（図3.23）．モグラ類は昆虫食で作物を直接加害しないが，地中にトンネルを掘り畑地や水田を荒らすために防除の対象とされる．これらの哺乳類による被害面積，被害量はともに年々拡大傾向にあり，とりわけイノシシ，シカ，サルの被害量の増加がいちじるしい（表3.8）．

2) 防　除　ネズミ類はトラップや粘着版で捕殺したり殺鼠剤で防除する．殺鼠剤は経口的に作用するものが大部分である．リン化亜鉛剤，モノフルオル酢

図 3.23　ニホンザルによるスイカの被害（左）と防御用ネット（右）
　　　（井上雅央原図）

酸塩剤など急性毒剤，クマリン系剤，ダイファシン剤，クロロファシノン剤など累積毒剤，および上記とは作用の異なる硫酸タリウム剤などがある．これらは毒餌剤にしたり，液剤にして飲用させるなどして用いる．リン化亜鉛剤のように生息場所に直接散布する薬剤や，巣穴に液化窒素剤のガスを注入し窒息死させる方法も開発されている．

モグラ，ノウサギ，イノシシ，シカなどにはジラム剤，石油アスファルト剤，チウラム剤，イミノクタジン酢酸塩剤など忌避剤が用いられる．

c. 野生動物の保全と被害防止

野生動物はいろいろな有用価値をわれわれに与えてくれる．それらは商業的価値，ゲームとしての価値（以上消費的価値），鑑賞的価値，倫理的価値，科学的価値（以上非消費的価値）に分けられる．これらさまざまな価値を持つ野生動物の多くが，人の活動によって，絶滅したり，その危機にさらされている．これらの動物に対しては，適切な生息環境の修復などによって，個体数の回復がはかられなければならない．例えば，ツキノワグマはスギ，ヒノキの植林面積の比率の高い地域では明らかに個体数が少ない．植林と天然林の適切な組み合わせによる森林管理で，密度の低い地域での個体数を増加させることができる．

一方，人の活動によって生息環境がよくなり個体数が増加した動物もいる．カラス類やニホンシカなどがそれである．ニホンシカの場合，森林が伐採され，草地や低木林がモザイク状に分布している地域に餌資源が多く，繁殖に適している．このような環境の増加と，なわばりを形成せず，雄，雌別の群生活をするニホンシカの行動様式とがあいまって，局地的に高い密度にまで増殖することができる．個体数が増加した地域での農作物や森林の被害は深刻である．局地的に個体数が増加したニホンシカ個体群に対して，個体群の持続可能な管理の考え方にそって，狩猟による駆除が行われている．従来ニホンシカの狩猟は雄のみで許可されていたが，最近では雌に対する捕殺も地域を限定して認められるようになった．

シカ以外にもクマ類，イノシシ，ノウサギなどは狩猟期間中に射殺して個体数を減らすことができる．狩猟期間以外には環境大臣または都道府県知事の許可を得て，わななどで捕獲するか射殺する．ニホンカモシカは天然記念物に指定されており，捕獲や射殺には文化庁の許可を必要とする．

そのほか，音で驚かしたり，畑地を防護柵で囲ったり（図3.23），電線で囲み電流を通したりして侵入を防ぐ方法もとられる．電気柵については，太陽電池に

よるストロボ式の製品が開発されており，電源のないところでも実施できるが，設置には費用がかかる．

有害な鳥類や獣類などの動物の防除は，自然保護とどう調和させるかが常に問題になる．本来，野生生物であったものが，森林の伐採などで生息場所を失い有害動物化したという事情があるからである．サルの場合には，観光目的の安易な餌づけによって個体数が増し，農作物に被害を与えるようになった実例もある．あまり個体数が増えすぎると，餌不足や病気の流行で突然激減するおそれもあり，適正な個体群サイズに管理することも必要であるが，これらの動物に対しては，可能なかぎり捕殺や射殺以外の方法で被害を回避することが望ましい．

3.6 気象災害

わが国の穀物自給率は米を除いて低い水準にある．広い耕地で長い期間を要する穀物生産は，栽培環境の調節が困難で天候の影響を直接受ける．このため，世界的な気候変動は穀物相場に鋭敏に現れ，農家はもちろん一般消費者も海外市場の影響を受け，地球規模の気象に関心を持つようになってきている．

気象現象は変動が多いものであるが，一般には過去30年間に出現したことがない気象状態になった場合，これを異常気象と呼んでいる．このような異常気象や台風，霜，積雪，大風などが原因になり，農作物や耕地，農業用施設などが受ける被害を農業気象災害という．しかし，異常気象の場合，作物の生育期間，品種，栽培法により被害の程度が異なり，常に大災害が生じるとは限らない．また，灌漑施設の整備により西日本では水稲の干害が減少しており，さらに，耐冷性品種の育成や育苗法の進歩による早植えの普及により，東北地方では冷害による水稲の被害が少なくなってきた．このような防除技術の進歩や農業経営，農作物の栽培形態の変化により，災害にも歴史的な消長がみられるわけである．各種の農業気象災害は表3.9のようにまとめられる．

気象災害の種類や被害の大きさは，地域や年度によって異なる．わが国では，夏冬作を通じて大きな被害を与えるものに風害と水害があり，夏作には干害，冷害がみられ，冬作には寒害，凍霜害，雪害，湿害が多い．わが国における過去14年間の水稲の主要な気象災害について，その被害量を示すと，表3.10のとおりになる．

表3.10から明らかなように，各種の災害が重なって発生した年には被害は甚大であった．冷害は単独で発生しても，被害は大きかった（p.98 図3.25参照）．

3.6 気象災害

表 3.9 わが国における農業気象災害

おもな原因になる要素	災害の種類
温度	凍害(寒害),霜害,冷害,冷水害,高温害など
降水	水害,水食(害),雪害,干害,雹害,雨害など
風	風害,風食(害)
その他[1]	霧害,湿(潤)害[2],塩害,大気汚染害[2]など

[1] 気象に関連して発生する病虫害も多い(例:いもち病,白葉枯病,麦類雪腐病,疫病,アブラムシ類,アワヨトウ,ウンカ類,イネミズゾウムシ).
[2] おもな原因が気象要素であるとは考えられない.
(新編農業気象ハンドブック,1977および真木太一,1991より作成)

表 3.10 わが国における水稲の主要な気象災害(被害量,千 t)

西暦(元号)	風水害	干害	冷害	その他の被害[1]	合計	台風来襲数(個) 被害大[2]	被害小
1984(59)	104(−)[3]	17 (+)	13 (−)	9(−)	143 (−)	1	1
85(60)	159(−)	24 (+)	5 (−)	83(−)	271 (−)	3	0
86(61)	139(−)	6 (−)	185 (−)	36(−)	366 (−)	2	1
87(62)	273(+)	5 (−)	85 (−)	100(−)	463 (−)	2	1
88(63)	109(−)	1 (−)	707 (++)	14(−)	831 (+)	0	1
89(1)	195(+)	15 (−)	158 (−)	100(−)	468 (−)	2	1
90(2)	184(+)	14 (−)	11 (−)	154(+)	363 (−)	1	4
91(3)	432(++)	4 (−)	247 (−)	266(++)	949 (+)	1	5
92(4)	112(−)	9 (−)	325 (+)	61(−)	507 (−)	1	3
93(5)	303(++)	0 (−)	2,325 (>++)	402(>++)	3,030 (>++)	1	5
94(6)	128(−)	100 (>++)	0 (−)	51(−)	279 (−)	0	1
95(7)	85(−)	6 (−)	72 (−)	309(++)	472 (−)	0	2
96(8)	88(−)	8 (−)	94 (−)	193(+)	383 (−)	0	3
97(9)	138(−)	5 (−)	66 (−)	196(+)	405 (−)	2	2
平均	175	15	307	141	638	1	2

[1] 雷雨,雪害,凍霜害,イネミズゾウムシやブドウねむり病の発生,噴火の降灰など.
[2] 被害大:>1万 t,被害小:<1万 t.
[3] 14年間の平均被害量に比べて小さい:(−),大きい:(+,++,>++)
(農林水産省・作物統計より作成)

雷雨,雪害,凍霜害などのその他の気象災害や干害は,比較的地域が限られており,全国的に大きな被害にはならなかった.

代表的な農業気象災害による被害とその対策を以下に示す.災害の種類はその発生原因となる気象現象に基づく区分と被害のようすに基づく区分とがあるが,発生原因を決めつけることは困難である.たとえば,風水害はおもに台風による暴風雨の害をいうが,これには風害と水害という異質のものが含まれており,被害がどちらの害により依存しているのか不明なことが多い.

なお，公園やゴルフ場などの非農耕地でも同様の気象災害を受けているが，農耕地の場合に準じて対応すればよい．

a．風　害

被害　強風は植物に物理的な損傷を与えるが，わが国では台風による風の被害が最も大きい．台風は1年間に約27個発生し，日本を襲うのはそのうちの約3個で，7～9月に集中しておもに九州，四国，紀伊半島に上陸している．

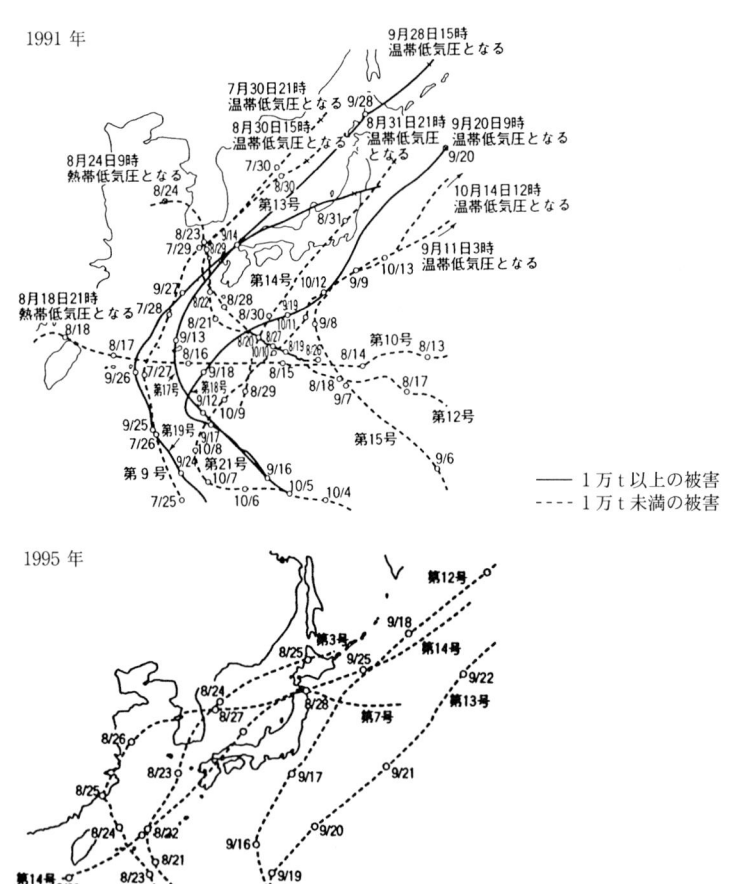

図 3.24　台風の来襲時期，進路と水稲の被害量との関係（農林水産省・作物統計）
1991年：風水害による被害が甚大であった年，1995年：風水害がなかった年．表3.10参照．

台風が上陸すると，海岸地方ではあらゆる植物が潮風による損害を受ける．内陸部では台風の通過に伴う高温・低湿のフェーン風により，出穂期のイネが白穂になったりする．台風による物理的損傷は夏作の全植物にわたるが，特に，水陸稲（図3.24）や果樹類で被害が大きい．農作物以外では，ビニールハウスなどの施設もしばしば風による損害を受ける．

冬は寒冷で乾燥した季節風のために，ムギなどの冬作物と常緑樹が損害を受ける．火山灰質の軽い土壌は飛散したり，背丈の低い植物が飛砂に埋もれるなどの損害を受ける．

対策　風害対策には防風林や防風垣など恒久的な施設を設ける場合と，水稲の早期栽培のように，台風の来襲頻度の高い季節には植物の危険生育期を避けて栽培するなどの場合がある．

台風の来襲が必至になったときには，進路についての情報に従って風向の変化，雨量，潮風や高潮の有無を予想し，対策を立てる．果樹，野菜など風害を受けやすい場合には，応急的な防風垣や支柱を立てたり，網，綱を張ったり菰かけをするほか，十分な灌水をすると効果的である．水稲の場合には，深水にしたり，早めにイネを刈り取ったり，人為的に倒伏させるなどの対策がある．このほか，台風が上陸しやすい沿岸地方では，脱粒性が低く倒伏しにくい品種を選んで栽培し，被害を軽減している例もある．また，病害虫の害を受けないよう栽培管理の面から施肥を行い，生育後期まで根の活力を維持させる方法もある．

台風通過後は，速やかに対処して実害を軽減する．潮風が吹いた後には，できるだけ早く水をかけて塩分を洗い落とすと，ミカンなどでは経済効果が大きい．倒伏した果樹，野菜は起こし，必要に応じて剪定をして支柱を立てる．風害を受けた後には病害虫が発生したり，水切れを起こすので注意を要する．

b．水　害

被害　台風はしばしば集中豪雨を伴うので，水害が発生する．このため，台風の害を風水害として一括することもあるが，風害と水害とでは被害の起こりかたや，対策がまったく異なるので，両者は区分して論じるほうがよい．

水害は，洪水に伴って生じる冠水や土壌の流亡，土砂埋没などにより耕地と植物に被害を与える．冠水の害は温度が高いほど，また冠水時間が長いほど大きくなる．泥水をかぶったり，塩水が入ったりすると被害はさらに増大する．

対策　水害対策には治山治水が第一であるが，冠水時の応急対策としてはポンプ施設を完備し速やかに排水することや，泥や塩分を洗い流すことが効果的で

ある．また，排水後は病害虫が発生しやすいので，薬剤散布するとよい．

c. 冷　害

被害　水稲は農家の経済に重要な位置を占める自給作物である．このため，緯度の高い寒冷地にまで無理をして栽培しているのが現状で，しばしば冷害に見舞われる．

冷害は異常低温が広範囲に長期間続く異常気象のときに発生することから，北日本各地で広範に被害を与えて被害量も大きい（図 3.25）．

1980 年や 1993 年に発生した大規模な冷害では，北日本のみならず全国の山間高冷地で相当の被害を出した．冷害による被害額は，発生頻度が高い風害や水害の総額よりもはるかに多いと言われている．

水稲の場合，冷害はその生育段階と密接な関係がある．栄養生長期に低温に会うと生育・出穂が遅れ，登熟も遅れて減収になる（遅延型冷害）．また，生殖生長期に低温に会うと稔実不良となり，収穫不能となる（障害型冷害）．一般に，栄養生長期より生殖生長期，特に幼穂分化期・減数分裂期・開花期に低温障害を受けやすい．遅延型と障害型の冷害はしばしば同時に起こり，一段と大きな被害を出す（混合型冷害または並行型冷害）．

オホーツク海方面の高気圧の勢力が平年より強く，そこから冷たい空気（やま

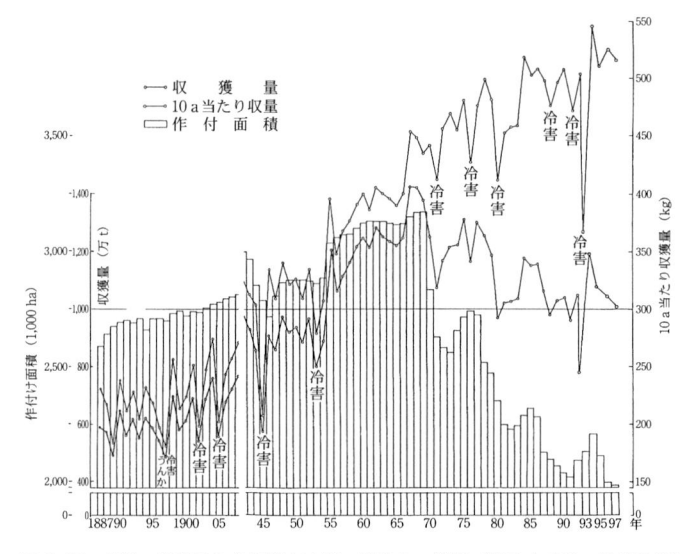

図 3.25　水稲の収穫量と大規模な冷害の発生との関係（農林水産省・作物統計）

せ）が入るため，東北，北海道の太平洋側に冷害をもたらす．冷害が発生しやすい気象条件下では，いもち病菌が発育しやすいうえに，イネの体内の窒素化合物が増加しており，いもち病による被害を一層大きくしている．

対策 低温やいもち病に強い品種を栽培することが第一である．また，防風網を設置して冷気の侵入を防いだり，深水にして水温を高く維持すること，客土，床締めなどによる漏水防止，温水溜池や昇温堰(せき)などによる水温の上昇が効果的である．さらに，早期栽培や施肥改善により丈夫なイネを育てること，暗渠排水による湿田の乾田化も効果がある．

d．その他

その他の農業気象災害として，干害，寒害，凍霜害，雪害，ひょう害（図3.26）などがある．また，1966年に九州全域で大発生したさび病のような気象災害の二次的災害もある．さらに，火山の噴火に伴う降灰が果樹や野菜などに大きな被害をもたらしている．

図 3.26 ひょう害を受けたサトイモ畑
（高市益行原図）

3.7 環境汚染

わが国における工業，特に重化学工業のめざましい発展は，著しい生活水準の向上をもたらした．しかし，多量の汚染物質を発生させ，自然環境や生活環境の破壊をひき起こした．このことは，一般に公害と呼ばれているが，公害は，自然の営みに大きく依存する農業にとっても緊急かつ重大問題であった．このような状況のもとに，政府および各自治体により公害対策基本法や公害防止条例の制定がなされ，数多くの調査・研究が汚染のもたらす影響やその対策について行われ，いろいろな施策が講じられてきた．

a．種類と被害

公害対策基本法でいう代表的公害（大気汚染，水質汚濁，土壌汚染）に地盤沈下を加え，植物に影響を及ぼしている公害は，表3.11のようにまとめられる．

1) 大気汚染 大気汚染は重化学工業の工場や自動車などが排出する硫黄酸化物（SO_x），窒素酸化物（NO_x），一酸化炭素（CO），炭化水素（CH），粉塵，油塵，重金属などの大気汚染物質（大気汚染質）によって起こる（表3.11参

表 3.11 植物に影響を及ぼしている公害

区分	汚染物質の種類	被害の対象	被害様相[1]
大気汚染	オゾン，PAN およびその同族体，二酸化窒素，塩素など；二酸化硫黄（亜硫酸ガス），アルデヒド類，硫化水素，一酸化炭素など；フッ化水素，四フッ化ケイ素，塩化水素，三酸化硫黄（無水硫酸，硫酸ガス），硫酸ミスト，シアン化水素など；アンモニア水など；不飽和炭化水素類（エチレンなど）など；媒塵（すすなど），粉塵（ダスト），浮遊粒子状物質（カドミウム，鉛のような金属ヒュームまたはその酸化物などの微粒子）など	イネ，ムギ，果樹，野菜，花卉，緑化用植物，樹木など	ガスによる葉組織の破壊；生理，代謝機能の障害；媒塵，粉塵による呼吸作用；同化作用の物理的障害；減収
水質汚濁	有害物質（BOD，COD），浮遊物質（SS），銅，カドミウム，亜鉛，クロム，マンガンなど	イネ，水田裏作物	窒素過多による徒長；吸収した銅，カドミウムによる被害；SSによる水路の機能低下
土壌汚染	カドミウム，銅，亜鉛など	イネ，水田裏作物，畑作物	生育障害，食品汚染
その他—地盤沈下	地下水，温泉水の過剰採取	水田，畑地，建造物	地盤沈下

1) ここに示したものは可視障害の様相であるが，これ以外にごく低濃度の汚染物質を吸収した葉などが生理・生化学的障害を受けて生育不良になり，収量に何らかの影響を及ぼしている不可視障害がある．しかし，この不可視障害の有無については，一，二年生の草本植物については否定的であり，永年生の木本植物については肯定的（例：大都市郊外の樹木の年輪幅が狭まる現象）である．
(農学大事典，1977, 87 より作成)

照）．最近ではその種類が増え，未知の物質まで問題にされている．

わが国では，1960年代の前半に大都市を中心に大規模な大気汚染が発生し，深刻な人体被害や植物（農作物）被害をもたらした．幸いにも，その後の改善努力が実を結び，青々としたポプラの葉が急に落ちたり，屋外の人が眼に痛みを感じたりする激しい光化学スモッグの被害は，あまり見られなくなった．また，CO，二酸化イオウ（SO_2）などは改善方向にある（図3.27）ものの，一方では二酸化窒素（NO_2），浮遊粒子状物質（SPM）のようにほぼ横ばい状態のものもある．汚染源そのものは依然として存在し，現在でも植物への不可視障害（低濃度汚染害）の恐れは十分ある．

粉塵，油塵，重金属　粉塵や煤煙などの汚染物質が作物の葉につくと，光合成が妨げられて生長が抑制される．また，これらが土に落ちると，有害物質が水に溶け出して根から吸収され，作物に障害を起こす．カドミウム（Cd），銅（Cu）などの重金属も，煤煙や粉塵とともに汚染源から離れて遠くまで飛散し，

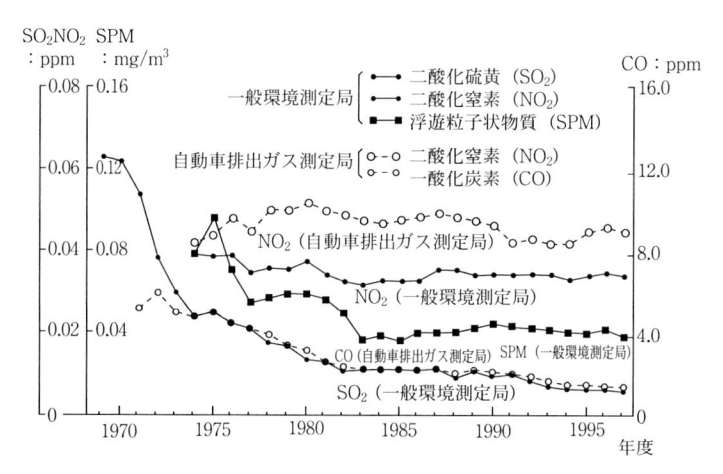

図 3.27 主な大気汚染物質の市内平均濃度の経年変化（資料：大阪市環境白書，平成10（1998）年）

広範囲に汚染をもたらす．

硫黄酸化物　燃料（重油，石炭）中の硫黄は燃えて SO_2 となり，大気中に拡散していく．高濃度の SO_2 が気孔から入った場合，植物に白い斑紋を生じさせる．SO_2 に最も敏感なアルファルファを基準（1.0）にすると，オオムギも1.0，キャベツ，アジサイ，ポプラでは2.0〜3.0，タマネギ，ライラック，カンキツ類では3.8〜6.9と耐性が高くなる．

光化学スモッグ　光化学スモッグは空気中の窒素酸化物や炭化水素類などの汚染物質が紫外線によって光化学反応を起こし，汚染物質であるオキシダントを新たに生成するときに発生する．SO_2 汚染のある所では硫酸ミストが光化学反応によってつくられ，これが汚染物質の主体となりスモッグを生じる．光化学ス

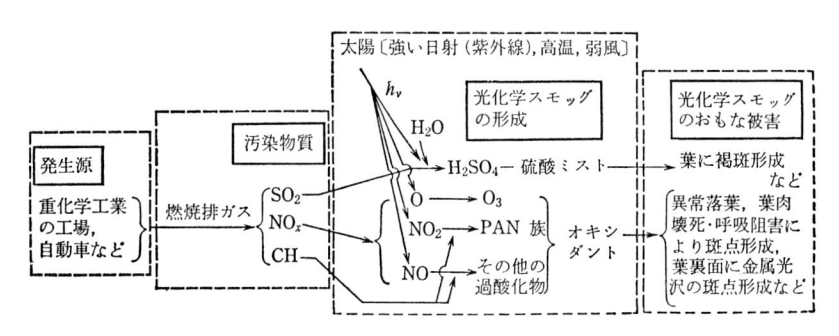

図 3.28 光化学スモッグの発生とその被害

モッグによる植物のおもな被害を図3.28に示した．強い日射，豊富な紫外線，高温，風の弱いときに生じたオキシダントによる濃厚汚染は，ポプラやケヤキなどの異常落葉，アサガオなどの葉肉部の壊死を広範囲かつ同時に生じさせる．オゾン（O_3）は葉肉部を侵し，葉の表面に斑点をつくる（図3.29）．パオキシアセチルナイトレート（PAN）は葉の裏面に金属光沢の斑点を形成する．硫酸ミストが葉につ

図 3.29 オゾン被害を受けたポプラ葉
（榎　幹雄原図）

くと褐色斑紋ができる（図3.28）．これらの斑紋が肉眼で見える場合には，もはや症状が回復することはない．被害が目に見えない場合でも，一定濃度以上では光合成や呼吸が阻害される．

 2）水質汚濁　　灌漑水の水質が植物生産に及ぼす影響については古くから知られており，カリやケイ酸濃度の高い河川水を用いる地域では，これらの成分の節減になるとされてきた．一方，灌漑水中に有毒物質が含まれる場合には“毒水”（例：東北地方における火山地帯の硫酸酸性湧水）といわれ，これによる農作物の被害も古くから知られていた．

　このような自然汚濁に加え，人為的発生源からくる水質汚濁には，工場，都市，鉱山，畜産などの排水が原因で起こるものがある．

　化学工場や鉱山からの排水中に含まれる重金属やその化合物による水質汚濁は，生物濃縮によって魚介類を汚染し，水俣病などの重金属による公害病をもたらした．これらの排水は，農業用水中の有害金属の濃度を増大させ，次項で述べるような土壌汚染のおもな原因になる．

　わが国における昔の畜産は有畜農業と呼ばれ，堆きゅう肥の生産を兼ねて畜産廃棄物が農地へ戻されていた．しかし，畜産物の需要が飛躍的に伸びて畜産農家は専業化し，規模拡大に向かって畜産廃棄物は農地に返されることが減り，水質汚濁が進行して農業への被害も増加することになった．実際，用水中の有機物や栄養塩類濃度の増加は，富栄養化を招いて農業生産に支障をきたしている．河川や湖沼が富栄養化すると，植物プランクトンが異常繁殖*して水中の溶存酸素を不足させ，水系の砂漠化を招く恐れがある．

* 淡水では"水の華"と呼んでいる．少数の種類が大発生し荒廃した不安定な生態系で崩壊しやすい．

　3) 土壌汚染　　農業分野での土壌中における重金属類の研究は古く，群馬県の渡良瀬川銅鉱毒事件（1892）にまでさかのぼることができ，その時代の研究はもっぱら農作物に対する被害の面から取り組まれていた．しかし，カドミウム問題が発生してからは，作物生産には影響はないが，作物の中に取り込まれた微量の重金属が人間の健康を害するという土壌汚染が問題視されるようになった．カドミウム汚染によるイタイイタイ病は，土壌汚染がもたらした典型的な被害例である．土壌の汚染は大気汚染や水質汚濁などを介して起こる．たとえば，1作期間中に使われる水田 10 a 当たりの灌漑水量は約 1,500 t といわれており，たとえ上流から流れてくる用水中の有害物質の濃度は低くても，用水中に溶けたり浮遊する土壌粒子に吸着されたりして水田に入り込む量は，大きなものになると考えられる．

　有害物質には無機の塩類，ある種の有機化合物，Cd, Cu, 亜鉛（Zn）などが多い．重金属は鉱山から河川に流れ込んだり，大気中に浮遊する金属微粒子として雨に混じって耕地に入り，土に蓄積されたりする．この量が過剰になると植物の生育を妨げる．植物が吸収する重金属の量は植物の種類によって異なるし，土壌のpHによっても変わることが多い．一般に土のpHが低くなると，重金属は水に溶けやすくなって植物はこれを大量に吸収し，過剰症状を起こす．重金属に汚染された土に対する植物の反応は，植物の種類によって異なる．

　有害物質は長い年月をかけて蓄積されたもので，汚染源を特定することは困難なことが多く，大気汚染の場合とは異なって解決が難しい．

　4) その他　　Cd, Cu, ヒ素（As）およびその化合物によって汚染された水田から収穫した玄米は，これらの元素が1 ppm 以上含まれていると，法律により食品として流通させることはできない．Cdの場合には，1.0 ppm 未満でも 0.4 ppm を越える玄米は，農林水産大臣の独自の判断に基づいて流通過程から凍結する措置がとられている．食品汚染は農薬によって起こる場合もあり，作物を保護するための農薬が同時に環境汚染物質にもなりうる．稲わら中のBHCが乳牛の体内で濃縮される例はよく知られており，この現象は有機水銀，Cd, ポリ塩化ビフェニル（PCB）などでもみられ，食品汚染の重要問題である．食品汚染は作物の生育阻害よりもはるかに低濃度で起こる場合もあるので，注意を要する．

b. 対　策

簡便な被害予測の一つとして，指標生物の反応をみる方法が有効なこともあるが，機器を用いて大気汚染物質の濃度を常時監視する体制が整備されてきている．

特定の物質が被害の原因であることを確かめたら，その発生源に対する措置が必要となる．発生源が工業活動にある場合には，その発生停止や軽減策を求める．しかし，汚染物質の排出を皆無にすることは不可能で，限界がある．そこで，作付けする植物を変えるなどの自衛手段を講じる必要も生じてくる．とはいうものの，大気という変動が激しい環境の汚染などでは，自衛手段に決め手を欠くのが実情である．大気汚染に水質汚濁や土壌汚染を加え，種々の対策を表3.12にまとめた．

表 3.12 植物に影響を及ぼしている公害に対する方策

区　分	方　　法
大気汚染 　発生源対策	排出規制，総量規制；良品質化石燃料の選定，燃焼法の改良；被害の発生季節，気象条件，植物の生育期などを考慮した操業のコントロール；緑地帯の設置；行政的被害救済措置
被害軽減策 　被害回避策	施肥法（イネでは SO_2 に対して窒素過多，塩基不足を避けるなど），作期の選定 抵抗性作物（SO_2 に対してニンジン，イチゴ）の作付け
水質汚濁 　発生源対策[1]	物理的（沈殿法，浮上法，ろ過法，乾燥焼却法），化学的（中和，酸化，還元，凝集，吸着，吸収，イオン交換，脱色，脱臭），生物的（散水ろ床法，活性汚泥法，嫌気消化法）処理
農用地及び 　農業用水対策	施肥の調節，節水栽培，品種の選択；水田の転換，客土，排土；取水施設の新設，改修，位置変更；水源転換；汚濁用水の処理，希釈
土壌汚染 　予防的措置 　汚染土壌の改善	大気汚染，水質汚濁措置に準拠 土壌改良（石灰，リン酸質，アルカリ，硫黄，ゼオライトやベントナイト系無機質資材の施用），土層改良（機械で土壌の表層部と下層部を混合，反転），土地改良（排土，客土），地目（水田）への転換，溶解性物質を投入して洗浄

[1] 生活排水のように不特定多数の発生源がある場合，対策を立てるのは困難である．発生源が特定されている場合でも，排出基準は公共用水域の環境基準の維持を目的としており，農業用水の保全の面からは不十分である．また，排水規制がない窒素で被害がでることが多い．さらに，琵琶湖や霞ヶ浦の保全対策に見られるように，広域水質管理計画が必要な場合もある．（農学大事典，1977，87より作成）

外因性内分泌かく乱化学物質（いわゆる環境ホルモン）

　ダイオキシン汚染への批判を受けた与党が総選挙で敗退するという，一国の政治をゆるがす事件がヨーロッパで起きた．

　確かに，過去に使われた農薬の中には，精子数を減らすものがあった．現在登録されている農薬の中にも，内分泌かく乱作用をもつ可能性のあるものが含まれているという．しかし，「何がどのくらい危険なのか」ということに関する研究はまだまだ不足している．

　このほど，人が一生取り続けても健康に害がないダイオキシンの耐容1日摂取量（TDI）*が決められた．これは，ダイオキシンの削減対策を立てるうえでの土台になるものである．わが国では，この水準がやや高めになってしまったのは，止むを得ない面もある．しかし，今後研究が進むにつれて新しいデータが積み重ねられていき，TDIをどのようにして減らしていくか，スケジュールが明確に示されるであろう．

　これまでに蓄積されてきて環境と健康に対するリスクが懸念されている灰色の化学物質は，長い時間をかけて自然に減るのを待つほかはないが，政府は不安を感じている人々に対して最新の確かな情報を提供していくべきである．このような化学物質によるリスクを未然に防ぐため，広範な化学物質の排出状況を調査し，その情報を公開するPRTR（環境汚染物質排出・移動登録）法が成立（1999）した．わが国の化学物質環境安全対策が大きく変わっていくことになる．企業，行政，市民3者の対話と共働が欠かせない．

　　* 「TDI」tolerable daily intake（耐容1日摂取量）の定義は，後述（p.124）の「ADI」acceptable daily intake（許容1日摂取量）と同じである．

　　　ただし，TDIとADIには，つぎのような違いがある．すなわち，ADIはその物質の使用が食品添加物や農薬のように一定条件下で許可されているものについて用いられているもので，この摂取量については「許容できる量」という表現が適切である．一方，TDIはその物質の摂取が望ましくないダイオキシンなどについて用いられているもので，この摂取量については「本来許容することができず，たとえ無意識のうちに摂取されたとしても，それに耐えられる量」という表現にならざるを得ない．このように，「TDI」と「ADI」を使い分けている．

研 究 問 題

3.1　水稲の主要な病害を三つあげ，それらの病原体，病徴，防除法について述べよ．
3.2　病害虫の発生状況が異なる田や畑を比較し，その違いが何に原因しているのかを調べてみよ．
3.3　あなたが住んでいる地域の気候の特徴は何か．理科年表（丸善）などを参考にしながら，緯度，標高，地勢，海流，気団などの影響を調べてみよ．
3.4　あなたが住んでいる地域で，公害が植物生産に影響を与えている事例があれば，その被害状況を調べ，防止策について考えよ．

4. 新しい植物保護技術

　植物保護技術は近年急速に進歩しており，1960年代までの有機合成農薬中心の時代に比べて多様な技術の利用が可能になりつつある．ここでは植物保護技術の最近の発展を紹介し，将来の進むべき方向を展望する．

4.1 耐病虫性品種

　人類は長い歴史的過程で野生植物から多収性，品質の良いもの，収穫の斉一性など栽培植物として好ましい形質を人為淘汰してつくり出してきた．その過程で野生種がもつ病原微生物や害虫に対する抵抗性が抜け落ちていった品種もある．このような抵抗性をもたない植物品種を施肥しながら広い面積にわたり単一栽培するため，病害虫の多発性により大きな被害を受けることになる．

　抵抗性品種の育成とは，植物にとって必要な形質を備え，なおかつ野生種がもともと保持していた病害虫抵抗性遺伝子をも導入した品種をつくり出すことである．高価な農薬などの近代的防除技術を自由に使用できない発展途上国において抵抗性品種は病害虫防除技術の中心である．一方，先進国においても農薬多用の弊害を回避するための総合的病害虫管理体系の中の基幹的な技術であることはいうまでもない（5章参照）．

a. 耐病性品種

　植物病害に対する感受性（種族素因）を小さくするために，圃場で病害に強い品種や系統を選抜し，交配により抵抗性品種を多くの植物で育成し，普及に移してきた．近年では，バイオテクノロジーの手法も盛んに取り入れ，かなりの成果をあげつつある．

　イネ育種の歴史は，いもち病抵抗性品種の育種の歴史でもあったといえる．在来種の圃場抵抗性を利用し，本格的な抵抗性品種の育成が行われた．外国稲の真性抵抗性も利用されたが，しばしば罹病化した．現在では，圃場抵抗性に重点を置いた育種を進め，広く普及した品種もある．これは食味で劣っていたが，いもち病の多発地帯では，米生産の安定化，省農薬による低コスト化および環境と人

間への安全性，有機栽培米生産への寄与などの点で抵抗性品種への期待が大きい．実際，トヨニシキの圃場抵抗性は，圃場抵抗性が弱いササニシキに対して行う薬剤散布3回の効果に匹敵するといわれている（表4.1）．

表 4.1 葉いもち防除回数と品種の防除効果(鈴木，未発表)

品種(圃場抵抗性)	株当たり葉いもち病斑面積率(%)				穂いもち発病度			
	無散布	1回	2回	3回	無散布	1回	2回	3回
トヨニシキ（r）	0.14	0.04	0.01	0.00	7.7	1.4	0.6	0.1
キヨニシキ（m）	0.37	0.18	0.11	0.05	21.6	9.6	2.7	1.8
ササニシキ（s）	13.31	0.72	0.35	0.30	77.4	28.6	10.9	9.4

さらに，多系品種（マルチライン）*の利用が試みられており，とくに，圃場抵抗性をもつ多系品種が理想的なものとして期待されている．

* いもち病に関する多系品種は，一般形質は均一であるが，真性抵抗性遺伝子だけが異なる幾つかの同質遺伝子系統を混合し，抵抗性に多様性をもたせた品種のことをいう．

メロンのつる割病とうどんこ病には複合抵抗性育種が行われている．つる割病にも分化型が存在するので，今後はこれに対応する必要がある．さらに，メロンでは5病害（CMV，つる枯病，べと病，うどんこ病，つる割病）に抵抗性の育種が行われている．キュウリ，スイカでは，果実の品質が育種の最重要課題であるので，抵抗性の育種はほとんど行われていない．ただ，スイカではユウガオ台木でつる割病を回避するのが一般的である．しかし，このユウガオにつる割病が発生したり，急性萎凋症などの被害が出ている．トマトでは，生食，台木用とも複合抵抗性品種が多い．ナスはもっぱら台木に頼っている．わが国における花卉の抵抗性品種は，キク白さび病を除くときわめて少ない．果樹でも病害抵抗性品種の育種は少ないが，ただ，カンキツでは交雑育種や合成周縁キメラの抵抗性品種がつくられており，実用性を合わせもった優良品種の作出に力が入れられている．

b．耐虫性品種

1860年ごろ北米大陸からフランスに侵入したネアブラムシの1種フィロキセラ *Phylloxera vitifoliae* はブドウ酒の原料ブドウに大きな被害を与えた．しかし，この被害は米国東部産の野生ブドウを台木にして接木を行うことにより回避された．フィロキセラでの成功以来，世界各地で抵抗性品種の育成が盛んに行われた．米国のコムギのヘシアンバエ *Phytophaga destructor* 抵抗性品種がよく知られた例であるが，わが国でもイネキモグリバエ（イネカラバエ）やクリタマバチ

表 4.2 東南アジアのイネ品種とトビイロウンカのバイオタイプの関係(持田, 1980 より作成)

イネ品種名	抵抗性遺伝子	バイオタイプ		
		1	2	3
IR-8	—	S	S	S
IR-26	BPH 1	R	S	R
IR-32	bph 2	R	R	S
IR-46	BPH 1	R	MR	R

S は感受性, R は抵抗性, MR は圃場抵抗性 (中程度の抵抗性) を示す.

Dryocosmus kuriphilus 抵抗性品種などの利用例がある.

病原微生物や害虫に対する作物の抵抗性は, 単一または複数の遺伝子が関与する遺伝的なものである. ところが, 害虫個体群の側にも抵抗性遺伝子を打ち破ることができる遺伝子が存在し, 抵抗性品種上で繰り返し淘汰を続けると, そのような遺伝子をもつ個体が選抜される. この結果, 抵抗性品種を加害できる害虫個体群の系統 (バイオタイプ) がつくられる. 表 4.2 に東南アジアのイネ品種とトビイロウンカの 3 つのバイオタイプの関係を示した. バイオタイプ 3 はフィリピンにある国際イネ研究所 (International Rice Research Institute ; IRRI) で育成された IR-8 や IR-32 という品種を加害するが, IR-26 は加害できないことが表 4.2 から分かる. 実際にいろいろな IR 系統のイネ品種を植えてバイオタイプ 3 のトビイロウンカを接種して検定すると, 図 4.1 にみられるように IR-8 や IR-32 は枯死するが, IR-26 は被害を受けない. しかしながら, バイオタイプ 3 に対する抵抗性品種も大面積に栽培されると, 早晩これを加害できるバイオタイプの出現が当然予想される. したがって, 抵抗性品種の利用には, 性質の異なった

図 4.1 IR 系イネ品種のトビイロウンカ, バイオタイプ 3 に対する抵抗性検定試験のようす (IRRI 原図)
IR とは, フィリピンにある国際イネ研究所 (IRRI) が育成した品種につけられる名前である.

複数品種のモザイク状栽培やローテーションなどにより，バイオタイプの出現を抑制する方策がとられなければならない．

4.2 物 理 的 防 除

主因を小さくしたり，誘因を制御したりして病害虫などを防除する方法で，化学的防除が困難な場合の防除手段として，また農薬の使用を減らす手段として今後さらに研究し，開発を進めなければならない分野である．この方法は病害虫などの弱点を抑えて防除を行うもので，環境汚染を起こすことが少なく，総合的病害虫管理を支える有力な柱の一つになる．

a. 病 害 防 除

土壌中の害虫や線虫あるいは雑草までも加熱によって殺菌する方法に太陽熱利用による土壌消毒がある．これはビニールフィルムとハウスという農業資材を巧みに利用した現場的着想で，生態系活用型植物生産における効果の高い防除方法である（図4.2）．この方法はあくまで総合的病害虫管理の一環として適用されるべき技術で，輪作，抵抗性品種，抵抗性台木，薬剤による土壌消毒などの技術で補足された技術体系の確立が必要である．

紫外線除去フィルムなどビニールハウスの被覆材は，灰色かび病や菌核病菌などの胞子形成を阻害して病気の発生を抑制することができる．またこれらの被覆資材によって植物の生育が促進される場合もある．野菜害虫のミナミキイロアザミウマやオンシツコナジラミにも有効である．

各種のウイルスを伝搬するアブラムシ類の多くは短時間の吸汁でウイルスを伝搬する口針伝搬性であるため，殺虫剤散布による防除効果は低く，媒介虫の薬剤抵抗性の問題もある．そこで透明またはシルバーポリフィルムによるマルチやシルバーストライプ入り黒ポリマルチが広く用いられている．さらに，対象昆虫に特異的な忌避波長域のみ反射する資材が開発されている．なお，本法はハウス栽培やマルチが可能な植物および栽培様式のみに適用される．この方法はウリハム

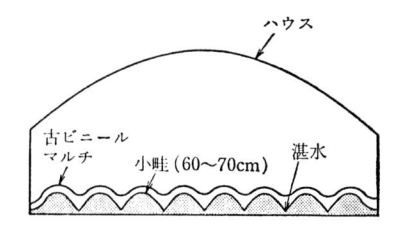

図4.2 ハウス密閉による土壌消毒
　　　（奈良農試，1982）
地力増進目的で，稲わらなどの有機物質材と石灰窒素100 kg/10 aを畦中に混入する．

シ Aulacophora femoralis，アザミウマ類やウラナミシジミ Lampides boeticus などにも忌避効果がみられる．

そのほか，温湿度環境のきめ細かい制御により結露を防ぎ，キュウリの斑点細菌病やべと病，トマト疫病などの野菜の病害防除を行っている．また，雨よけ栽培は高冷地や冷涼地の夏秋野菜生産手段として体系化されており，生産物の品質向上と増収効果，さらに作業能率の向上と省力化が可能になった．この方法は，果菜類，花卉類，果樹類にも普及し，全国で産地が形成されるに至った．ただ，高温障害を受けやすいなどの問題はある．本法導入の基本は良品質と生産安定にあるので，今後，ハウス内気象の制御や栽培技術の改善，輪作体系の確立を図り，病害虫の総合的管理体系を確立する必要がある．養液栽培では薬剤防除ができないので，病原菌の生態を考えて病原菌を施設内に入れないこと，入っても繁殖，感染させない環境を整えることが大切である．

b．忌避法による害虫防除

果樹や果菜類を吸汁加害する吸ガ類の防除に黄色蛍光灯による点灯防除が広く普及している．アケビコノハ Adris tyrannus，アカエグリバ Oraesia excavata などは，幼虫は野生植物上で育ち，成虫のみが果樹園などに侵入し，吸汁加害する．点灯すると，成虫の飛来数が減少するほか，飛来した成虫が夜間にもかかわらず明適応し，吸汁行動が抑制される．最近，ビニール温室に黄色蛍光灯を点灯することによって野菜や花卉のオオタバコガ Helicoverpa armigera やシロイチモジヨトウ Spodoptera exigua などヤガ類に高い防除効果を示すことが分かり急速に普及している（図4.3，図4.4）．

合成化合物にも，殺虫作用ではなく吸汁性昆虫の摂食を抑制する作用をもつピメトロジンなどが開発されている．ネオニコチノイド系の殺虫剤も低濃度で処理することによって，摂食を抑制することができる．熱帯植物ニームの成分アザディラクチンなど天然成分の中にもこのような活性をもつものが数多く発見されており，防除剤への利用が期待されている．

忌避法の利点は，害虫個体群に強い

図 4.3 オオタバコガなどヤガ類の防除のために，黄色蛍光灯が点灯された淡路島のカーネーション温室群
（八瀬順也原図）

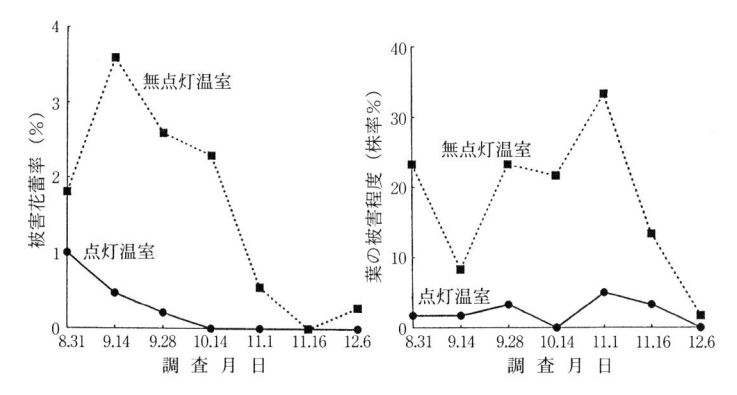

図 4.4 黄色蛍光灯を点灯した場合と点灯しなかった場合のカーネーション温室でのオオタバコガ（左）とシロイチモジヨトウ，ハスモンヨトウ（右）の被害の比較（八瀬，1996）
黄色蛍光灯の点灯によって，ヤガ類に対する殺虫剤散布の約60％が節約される．

淘汰圧をかけないために殺虫剤抵抗性個体群や抵抗性品種に対するバイオタイプの出現などのような害虫の側の新たな対抗適応をひき出しにくいことにある．

4.3 生物的防除

生物的防除とは通常，捕食者，捕食寄生者，昆虫病原微生物などの天敵を用いた害虫防除や植食性昆虫を用いた雑草防除をいうが，ここでは弱毒ウイルス，拮抗菌，その他の有用な細菌や糸状菌を用いた病害虫防除なども含めて述べる．

a．弱毒ウイルスの利用

弱毒ウイルスの利用は，あらかじめ苗に病原性が弱いウイルスを接種しておき，圃場で野生の強毒ウイルスの感染を防ぐ，ウイルス相互間の干渉作用を利用した方法である．

植物ウイルス病の防除には有効な薬剤がないため，弱毒ウイルスの利用は抵抗性品種の導入とともに防除効果が高い方法である．この方法は品質，収量の優れた感受性品種，あるいは抵抗性品種がない植物に対して用いることができる．わが国で実用化されている弱毒ウイルスは，トマトやトウガラシのTMV，マスクメロンのキュウリ緑斑モザイクウイルス（CGMMV），カンキツ類のカンキツトリステザウイルス（CTV）などである．

b．拮抗微生物の利用

土壌病原菌は，その生活史の中で土壌微生物などの干渉作用を受けている．こ

の干渉能力をもつものを拮抗微生物と呼んでいる．わが国において，拮抗微生物を利用した土壌病害防除の歴史は古く，1926年に土壌繊毛虫 *Colpoda saprophila* による植物病原菌の捕食および発病軽減の試みが世界に先がけて行われた．その後，タバコ白絹病防除のための Trichoderma 製剤（*T. viride*）の開発へと発展していった．以後，試験例，研究論文は膨大な数にのぼるが，実用化されたものはきわめて数少ない．試験研究の材料には拮抗細菌・放線菌，糸状菌，アメーバなどが使われている．拮抗微生物は，病原菌に対して寄生，抗生，競合，捕食，溶菌，ホルモンバランスの攪乱，抵抗反応の誘導などの働きをもつとされ，発病抑制はこれらの働きのうちの一つあるいは組み合わさって起こるものと考えられている．また，発病が抑制されるかどうかは，拮抗微生物が根圏で定着できるか否かによる．したがって拮抗能や定着能が発揮される土壌の物理・化学的要因の解析も必要である．

c. その他の微生物の利用

VA菌根菌（VAM）は植物や微生物に共生しているので，相手の生物に対する影響はきわめて微弱なものである．したがって，VAMに高い防除効果は期待できないが，病原菌を若干抑制したり植物の生育を促進したりするので，将来，生物防除ならびに生物肥料を基幹とする植物生産体系が確立される場合には，きわめて有用な微生物になると思われる．VAMを利用した病害防除の研究は，欧米でもごく限られた所で行われてきており，わが国ではほとんどなされていない．

ウイルスを媒介する昆虫類，ダニなどに寄生する菌類，たとえばウンカ，ヨコバイ類，コウチュウ類に接合菌類，子のう菌類，不完全菌類，たとえばアブラムシ類，コナジラミ類，アザミウマ類に接合菌類や不完全菌類，サビダニ類に不完全菌類の寄生が知られている．

米国では，植物に凍霜害を起こす氷核活性（INA）細菌の防除に拮抗微生物が利用され，その遺伝子組換え技術で作出した微生物による霜害防止も研究され，組換え微生物の野外利用試験が世界で初めて実施された．また害虫でも耐凍性に関与する共生氷核細菌の操作による防除の可能性が検討されている．

d. 捕食性・捕食寄生性天敵

前世紀末に米国カリフォルニアのカンキツ害虫イセリヤカイガラムシ *Icerya purchasi* の防除にオーストラリアから導入した捕食虫ベダリアテントウ *Rodolia cardinalis* を用いて成功して以来，米国を中心に100を越える防除成功例が知ら

れている．わが国でも1950年代までに4種の害虫で成功が得られていた（表4.3）．最近になって，1980年にミカンの害虫ヤノネカイガラムシに寄生蜂ヤノネツヤコバチ Coccobius fulvus（図4.5）とヤノネキイロコバチ Aphytis yanonensis を，また1975～1981年にクリタマバチの寄生蜂チュウゴクオナガコバチ Torymus sinensis をそれぞれ中国から導入し，成功ないし部分的成功が得られている（表4.3）．このような一連の導入天敵による生物的防除の成功例は，少数の例外を除けば侵入害虫に対するものである．

土着天敵を利用して土着害虫を防除するためには，人為的に天敵の働きを高める努力が必要である．なぜなら，農地のような条件下では天敵の働きが十分でないために害虫が個体数を増していると考えられるためである．

図 4.5
ヤノネツヤコバチ雌成虫
（古橋嘉一原図）

天敵の密度が低い早春や天敵が侵入しにくいビニールハウスや温室に少数の天敵を放飼して，その後の天敵の増殖により害虫密度を抑えることを期待する方法を，接種的放飼という．p.58で述べたハダニ類の防除にカブリダニ類を放飼する例はこの方法に当たる．天敵を人工的に大量増殖し，害虫の被害が生じる時期に大量に放飼して，即時的に害虫密度を低下させる方法を大量放飼法という．これらをあわせて放飼増強法という．表4.4に台湾でサトウキビの害虫防除に卵寄生蜂を用いて実用防除を行っている例を示した．サトウキビは汁液を絞って砂糖の原料にするため，害虫密度を著しく低いレベルに抑えなくてもよい．一方，殺虫剤散布などの防除経費はできるだけ低く抑える必要がある．表4.4でみられるように，5％程度の被害茎率の減少で十分実用性があり，天敵生産，放飼のコストは殺虫剤防除コストより安い．わが国でも，リンゴなどの害虫のクワコナカイガラムシ Pseudococcus comstocki の寄生蜂クワコナカイガラヤドリコバチ Pseudaphycus malinus の製品化が一時農薬会社によって図られ，1970年に農薬登録がなされたが（商品名クワコナコバチ），その後経済性などの理由から製造が中止された．その後1995年以降，チリカブリダニ，オンシツツヤコバチなど10種以上の天敵が農薬登録され，販売されている．

自然に存在する天敵の働きを助けるために，① 作物圃場周辺に寄生蜂の吸蜜植物を栽培する，② 牧草などの作物の刈取りを一斉に行わずに条刈りをして，

表 4.3 わが国における侵入害虫に対する導入天敵の永続的利用の試み(村上, 1997)

害虫名	対象作物	天敵名	種別	導入源/年代	結果
Icerya purchasi イセリヤカイガラムシ	カンキツ	Rodolia cardinalis ベダリアテントウ	捕食虫	台湾/1911	成功
Ceroplastes rubens ルビーロウカイガラムシ	カンキツ, カキ, チャ	Scutelista cyanea コガネコバチの一種	寄生蜂	アメリカ/1924, 1932〜38	失敗
		Moranila californica コガネコバチの一種	寄生蜂	アメリカ/1932	失敗
		Aneristus ceroplastae ツヤコバチの一種	寄生蜂	アメリカ/1932〜38	失敗
		Microterys kotinskyi トビコバチの一種	寄生蜂	アメリカ/1932〜38	失敗
		Anicetus beneficus ルビーアカヤドリコバチ	寄生蜂	九州/1948	成功
Aleurocanthus spiniferus ミカントゲコナジラミ	カンキツ	Encarsia smithi シルベストリコバチ	寄生蜂	中国/1925	成功
		Catana sp. テントウムシの一種	捕食虫	中国/1925	失敗
Eriosoma lanigerum リンゴワタムシ	リンゴ	Aphelinus mali ワタムシヤドリコバチ	寄生蜂	アメリカ/1931	成功
Zengodacus cucurbitae ウリミバエ	スイカ, ニガウリ	Opius fletcheri コマユバチの一種	寄生蜂	台湾/1932〜34	不明
Unaspis yanonensis ヤノネカイガラムシ	カンキツ	Aphytis lingnanensis ツヤコバチの一種	寄生蜂	アメリカ/1955	失敗
		Aphytis yanonensis ヤノネキイロコバチ	寄生蜂	中国/1980	成功
		Coccobius fulvus ヤノネツヤコバチ	寄生蜂	中国/1980	成功

(つづく)

害虫名	対象作物	天敵名	種別	導入源/年代	結果
Dryocosmus kuriphilus クリタマバチ	ク リ	*Torymus beneficus* クリマモリオナガコバチ	寄生蜂	日本/1955	失敗
		Torymus sinensis チュウゴクオナガコバチ	寄生蜂	中国/1975 中国/1979, 81	失敗 成功
Phthorimaea operculella ジャガイモガ	ジャガイモ、タバコ	*Copidosoma desantisi* チリージャガイモガトビコバチ	寄生蜂	チリー/1956 アメリカ/1962	不明 失敗
		Copidosoma koehleri ウルグアイジャガイモガトビコバチ	寄生蜂	インド/1966	不明
Pristiphora erichsoni カラマツハラアカハバチ	カラマツ	*Olesicampe benefactor* ヘラアカハバチヤドリヒメバチ	寄生蜂	カナダ/1984	不明
Hypera postica アルファルファタコゾウムシ	レンゲ	*Bathyplectes curculionis* タコゾウキアピアメバチ	寄生蜂	アメリカ/1988〜89	不明
		Microctonus aethiopoides ヨーロッパラボソコマユバチ	寄生蜂	アメリカ/1988〜89	不明

表 4.4 台湾のサトウキビの茎を害する3種の鱗翅目害虫[*1]に対するメアカタマゴバチ *Trichogramma australicum* [*2]大量放飼による防除試験(梁・楊, 1972)

年	放飼面積 (ha)	被害茎率 (%)		放飼区の減少率 (%)
		放飼区	対照区	
1968〜69	4,038	3.3	9.3	64.1
1969〜70	9,502	3.5	6.8	48.7
1970〜71	11,700	2.8	7.7	63.4
1971〜72	11,740	2.5	8.8	71.5
平 均	—	3.0	8.1	62.7

[*1]: *Argyroploce schistaceana*, *Proceras venosatus*, *Chilotraea infuscatella*.
[*2]: ガイマイツヅリガ *Corcyra cephalonica* の卵を紙製合紙にはりつけ、タマゴバチに寄生させて圃場のサトウキビ葉に合紙を1ha当たり4枚程度クリップでとめる。こうすることにより1ha当たり10万匹のタマゴバチが羽化する計算になる。殺虫剤防除は一切行わないで経済的防除が得られている。

刈残し部分を天敵のかくれ場所とする，③ 天敵の誘引剤や代替餌を散布して天敵密度を高めるなどの方法も試みられている．

e. 微生物天敵

害虫の微生物にはウイルス，細菌，糸状菌，原生動物，食虫性線虫などがある．

昆虫ウイルスには多角体を形成する核多角体ウイルス（図 4.6），細胞質多角体ウイルス，顆粒体を形成する顆粒病ウイルスなどのほか，多角体や顆粒体などの封入体を形成しないウイルスなどがある．生物的防除に用いられるウイルスには前者が多い．

ウイルスの大量増殖は，現状では生きた昆虫体を用いて行われており，ハスモンヨトウの核多角体ウイルスなどですでに大量増殖技術が確立している．将来は培養細胞を用いた増殖が可能になるだろう．森林害虫マツカレハ *Dendrolimus spectabilis* の細胞質多角体ウイルス（DCV）剤が，かつて農薬として登録されていた．

図 4.6
オビカレハ *Malacosoma neustria* 幼虫の核多角体ウイルス感染による集団死亡
（志賀正和原図）

細菌では卒倒病菌 *Bacillus thuringiensis* の利用が有名で BT 剤として製品化がなされている．この細菌の殺虫作用は，菌が生産する毒素が昆虫を麻痺させ死亡させるとともに芽胞が発芽増殖して昆虫に敗血症をもたらすことによる．モンシロチョウ *Pieris rapae* やコナガ *Plutella xylostella* などチョウ目害虫に特に有効である．

糸状菌には，白きょう病菌（*Beauveria* 菌）などの製剤が実用化されており，カミキリムシ類などの防除に用いられている．

昆虫寄生性線虫では，スタイナーネマ剤が実用化され，土壌生息性害虫の防除に用いられている．この線虫は細菌で培養が可能で，昆虫に寄生した後，共生細菌が昆虫体に放出されて，それらが増殖し敗血症を起こす．

f. 雑草の生物防除

害虫が原産地の天敵を伴わずに新しい地域に侵入するとしばしば大発生して大被害を及ぼすように，侵入雑草も侵入先で急速に繁茂することがある．このような有害雑草防除に原産地の植食昆虫を導入する試みがなされ，いくらかの成功例

も得られている．オーストラリアのウチワサボテン類 *Opuntia* spp. の防除に南米大陸原産のサボテンガ *Cactoblastis cactorum* を導入し，防除に成功した例もその一つである．わが国では，侵入雑草エゾノギシギシ *Rumex obtusifolius* の防除に土着害虫コガタルリハムシ *Gastrophysa atrocyanea* を用いた防除が効果をあげた．また，水田初期雑草防除に淡水甲殻類カブトエビ類 *Triops* spp. を用いて防除する試みもなされている（図 4.7）．これらはいずれも土着天敵の利用例として注目される．

1980 年代になって，米国ではイネおよびダイズのマメ科強害草アメリカクサネム *Aeschynomene virginica* に有効な除草剤がなかったので，炭疽病菌 *Colletotrichum gloesporioides* の製剤が市販された．わが国でも，シバの雑草スズメノカタビラの病原細菌 *Xanthomonas campestris* が防除剤として実用化されている．水田の難防除雑草クログワイに有効な菌が見出されている．

生物除草剤の利用に当たっては，そこで行われているその他の防除法によって生物除草剤が顕著な阻害を受けないことが大切で，他の防除法とも相互に矛盾しないかたちで組み合わせる総合的管理の観点をもつ必要があろう．

図 4.7
水田雑草の生物的防除に用いられるアメリカカブトエビ *Triops longiccaudatus* 成虫
（高橋史樹原図）

4.4 不妊虫放飼と遺伝的防除

人工的に増殖させた害虫を放射線などで不妊化し，大量に野外に放飼して野外虫と交配させると，不妊雄成虫と交尾した雌成虫では精子の移送，受精は起こる

図 4.8 産卵中のウリミバエ雌成虫
（横浜植物防疫所原図）

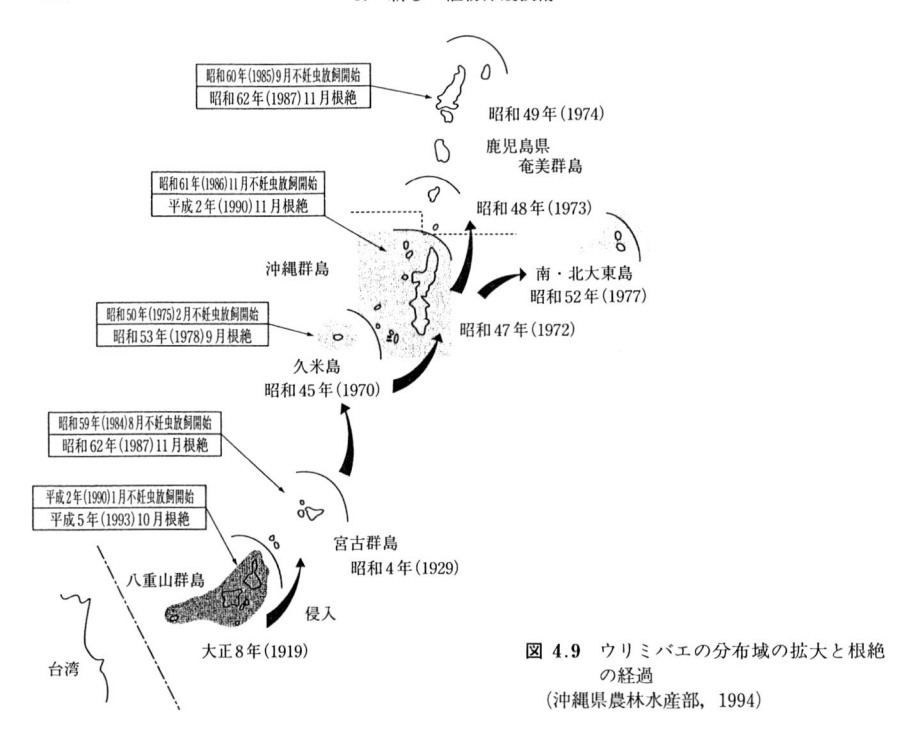

図 4.9 ウリミバエの分布域の拡大と根絶の経過
（沖縄県農林水産部，1994）

が，精子が優性致死突然変異を起こしてしまい産まれた卵は孵化しない．このような防除技術を不妊虫放飼法という．この方法は 1954〜1955 年に家畜害虫ラセンウジバエ *Cochliomyia hominivorax* に最初に適用され，中米カリブ海に浮かぶキュラソー島からラセンウジバエが根絶した．わが国でも東京都小笠原諸島の果樹，果菜類の害虫ミカンコミバエ *Bactrocera dorsalis*，また沖縄県，鹿児島県下南西諸島のウリミバエ *B. cucurbital*（図 4.8）に対してこの方法による根絶防除が実施された．その結果，ウリミバエが 1977 年 9 月に沖縄県久米島で根絶された後，1993 年までに鹿児島県，沖縄県の南西諸島からすべて根絶された（図 4.9）．また 1985 年 2 月に小笠原諸島からミカンコミバエが根絶された．

農薬散布など通常の防除技術は，散布薬量や頻度をあげて防除強度を強くしても，防除効果は強度に比例して高まるにすぎないが，不妊虫放飼法では強度が高まるとある時点から防除効果が加速度的に増加するため，害虫個体群が根絶されやすい．しかしながら，野外個体群サイズを上回る不妊虫の放飼がなされなければほとんど効果が現れないため，広域にわたって連続的に高い密度で生息してい

図 4.10 沖縄県のウリミバエ大量増殖施設（左）とヘリコプターによる
ウリミバエ成虫放飼（右）（沖縄県ミバエ対策事業所原図）
左写真の左側のミバエマークの建物はコバルト60照射室．

る一般の害虫にはこの方法は適用できない．対象とされる害虫は，人の病気を媒介する衛生害虫や，ウリミバエ，ミカンコミバエのように発生地帯の加害作物の移動が法律で禁止されているため，その地域の農業発展が著しく阻害されるような特殊な害虫に限られる（p.138参照）．

不妊虫放飼法では，放飼虫を生産するための大量増殖施設（図4.10），野生虫と交雑する際，同性の野外虫との競争（性的競争力という）において劣らないような放飼虫の質的管理技術，野生虫と区別するための放飼虫の簡易で確実な標識技術，野外虫個体群サイズの推定法など，さまざまな技術の開発が必要である．

このほか，性的隔離が進んでいる種内の別系統の個体群間の細胞質不和合性や，近縁種間の雑種不妊性の利用，染色体転座を生じた個体の導入，相同染色体がホモになると致死効果を表す有害遺伝子の導入などの方法で，害虫個体群密度を減少させる防除法も試みられている．不妊虫放飼法も含めてこれらを遺伝的防除法という．

4.5 化 学 的 防 除

化学的防除は現在でも，そして将来にわたっても植物保護の中心をなす技術であろう．ここでは，農薬について概観し，とくに薬剤耐性あるいは薬剤抵抗性，農薬の安全性と安全使用，殺生物作用以外の生理活性をもつフェロモンなどについて述べる．

a．農　　　薬

1) **農薬の種類と特性**　　農薬は現在でも，そして将来とも植物保護の中心を

なす資材であろう．農薬は対象とする有害生物の違いから，殺菌剤，殺虫剤，殺ダニ剤，殺線虫剤，殺鼠剤，除草剤などに分けられる．これに植物生長調整剤を加えて農業薬剤（農薬）といっている．最近では害虫性フェロモン剤を含む誘引剤や，忌避剤など殺生物作用以外の生理活性をもつ化学防除剤が開発され，上記農薬区分では包括できなくなってきている．

1938年にスイスのMüllerが有機塩素系殺虫剤DDTを開発して以来，数多くの有機合成農薬がつくり出された．開発初期の農薬は各種有害生物に卓越した防除効果を示したが，一方では散布者の中毒，植物の薬害，抵抗性害虫や耐性菌の出現，農作物などの植物への残留，野生生物への悪影響などさまざまな弊害もひき起こした．近年の農薬開発はこれらの弊害を軽減するため，次のような方向で進められている．

　　　高い毒性 → 低毒性　　難分解性 → 易分解性　　非選択性 → 選択性

すなわち，DDT，BHC，パラチオン，水銀剤など初期の農薬のもっていた欠点（当時は長所と考えられていた）を克服しようとする方向である．即効性は高い毒性の反映であり，残効性は残留性につながり，非選択性は天敵をも減らし，それまで問題でなかった新しい害虫などの有害生物をつくり出したり，水系を通して魚類などに悪影響を与えたりした．

農薬の毒性は急性毒性と慢性毒性とに分けられる．どちらもマウスやラットなどの小哺乳類を用いて測られる．急性毒性は短時間の致死効果を半数致死薬量（LD_{50}）で示し，毒性の強い方から特定毒物，毒物，劇物，普通物に区分する（表4.5）．慢性毒性は通常2年間農薬を投与し続けても組織に影響を与えない最大薬量（最大無作用量）で示される．

以前は多数の化合物を合成し，殺生物作用の有無を無作為に検定生物でスクリーニングして新農薬を開発していたが，最近では農薬の作用機構を解明したうえ

表 4.5　毒性の違いによる農薬の区分

区分＼投与方法	経口 LD_{50} (mg/kg)	皮下 LD_{50} (mg/kg)	静脈 LD_{50} (mg/kg)
特 定 毒 物	< 15	< 10	
毒　　　　物	< 30	< 20	< 10
劇　　　　物	<300	<200	<100
普　通　物	上記のいずれにも該当しないもの		

マウスまたはラットに3通りの異なった方法で農薬を処理したときの半数致死薬量（mg）が体重1kg当たりで示されている．

で，有害生物の生理，代謝機構を効果的に制御できる化合物を類推して合成，生物検定し，新農薬を開発する方向へと変わりつつある．殺菌剤の作用は病原微生物の生合成阻害，細胞構造の破壊，エネルギー代謝阻害などにある（表 4.6）．殺虫剤にはさまざまな代謝阻害，神経系の阻害，ホルモン機能の攪乱（昆虫成長制御剤）（表 4.7），除草剤にはホルモン（オーキシン）作用と非ホルモン型の光

表 4.6 病害防除剤の作用点(行本，1997 に追加)

阻害の種類	作 用 点	薬 剤 例
多作用点阻害	種々の SH 酸素など	銅剤，ジチオカーバメート剤，キャプタン剤，TPN 剤
呼吸阻害	酸化的リン酸化 電子伝達系	(PCP 剤) オキシカルボキシン剤，メプロニル剤，フルトラニル剤，メトミノストロビン剤
菌体成分生合成阻害	たんぱく質合成系 RNA 合成系 DNA 合成系 リン脂質合成系 ステロール合成系 キチン合成系 メラニン合成系	ブラストサイジン S 剤，カスガマイシン剤 メタラキシル剤などフェニルアミド系剤 オキソリニック酸 IBP 剤，EDDP 剤，イソプロチオラン剤 トリホリン剤，トリアジメホン剤，トリフルミゾール剤，など EBI 剤 ポリオキシン剤 フサライド剤，ピロキロン剤，トリシクラゾール剤
細胞分裂阻害	微小管形成	ベノミル剤，チオファネートメチル剤
細胞膜機能阻害	物質透過性	フェリムゾン剤，プロシミドン剤
その他	作物病害抵抗性増強	プロベナゾール剤，ホセチル剤

表 4.7 殺虫剤の作用点(上杉，1982 に追加)

作 用 点	殺 虫 剤
神経機能の阻害	有機リン殺虫剤，カーバメイト系殺虫剤，γ-BHC，環状ジエン系殺虫剤，ニコチン，カルタップ，DDT，ピレスロイド系，ネオニコチノイド系
代謝系の阻害 　エネルギー生成系の阻害 　　SH 系酸素の阻害 　　ミトコンドリア呼吸系の阻害 　キチン合成阻害	 臭化メチル，クロルピクリン，EDB，D-D，ヒ酸鉛 ロテノン，青酸，リン化水素，ジニトロフェノール系剤 有機スズ剤 ジフルベンゾロン，クロルフルアゾロン，フルフェノクスロン，ヘキサフルムロン，ルフェヌロン
ホルモン機能の攪乱 　幼若ホルモンのアンバランス化 　脱皮異常	 フェノキシカルブ，ピリプロキシフェン ブプロフェジン，デブフェノジド，シロマジン

表 4.8 主な除草剤の作用機構(上路・臼井, 1997)

作 用 機 構	主 な 除 草 剤 (系)
光合成電子伝達阻害	酸アミド系, 尿素系, トリアジン系, ダイアジン系, フェノール系
酸化的リン酸化阻害 　(脱共役による ATP 生成阻害)	フェノール系
活性酸素発生(光白化型) 　プロトポルフィリノーゲンIX 　　酸化酸素阻害 　ラジカル化	 ジフェニルエーテル系, ダイアゾール系, フェニルイミド系 ビピリジニウム系
色素・脂質生合成阻害 　カロチノイド生合成阻害 　脂肪酸生合成阻害	 ピリダジノンなど フェノキシ系(アリールオキシフェノキシプロピオン酸系), シクロヘキサンジオン系, カーバメート系, 酸アミド系 (クロロアセトアミド)
アミノ酸生合成阻害 　アセトラクテート合成酵素阻害 　EPSP 合成酵素阻害 　グルタミン合成酵素阻害	 スルホニル尿素系, イミダゾリノン系, トリアゾロピリミジン系, ピリミジニルサリチル酸系 有機リン系(グリホサート) 有機リン系(グルホシネート, ビアラホス)
たんぱく質生合成阻害	有機リン系, カーバメート系, 酸アミド系(クロロアセトアミド)
細胞分裂阻害	ジニトロアニリン系, 有機リン系, カーバメート系
ホルモン作用阻害・かく乱	フェノキシ系, 芳香族カルボン酸系

合成阻害作用などがある(表 4.8). 除草剤は, ともに高等植物である植物と雑草が共存するところで用いて雑草のみに有効な選択性除草剤と, 非栽培期の農地や非農地の雑草防除に用いる非選択性除草剤に分けられる.

上記のような作用機構による区分のほかに, 化合物の化学的性質の違いから, 無機化合物, 有機塩素系, 有機リン系, カーバメート系, 抗生物質, フェノール系, 酸アミド系, トリアジン系, フェノキシ系, その他などに分けられる. また施用法の違いによって, 土壌消毒剤, 燻蒸剤, 種子消毒剤, 土壌ないし水面施用剤, 茎葉散布剤などに分けられる. 製剤の型式によって水和剤, 水溶剤, 乳剤, 粉剤, 微粒剤, 粒剤などの区分もなされる.

農薬には, 有機合成で得られた化合物を生物検定(スクリーニング)にかけて有効なものを見つけ出す方法とは別に, 自然界とくに生物体に存在する殺生物活性物質の構造式を明らかにし, そのままの状態または構造式を一部改変した合成化合物を利用する場合がある. 後者は生物起源農薬といわれる. プラストサイジ

ンS，ポリオキシン，バリダマイシンなど多くの殺菌剤や殺ダニ剤ミルベメクチン，除草剤ビアラホスなどは糸状菌が生産する抗生物質である．除虫菊（シロバナムシヨケギク）の殺虫成分はピレトリンであるが，これと類似した各種化合物（ピレスロイド系）が合成され殺虫剤に用いられている．カラバー豆の有毒成分フィソスチグミンの構造式からヒントを得て各種カーバメート系殺虫剤がつくられているし，海産生物イソメの毒素ネライストキシンの化学構造からヒントを得たカルタップ（第三級アミン類）や，タバコの成分ニコチンと類縁構造をもつイミダクロプリドなどネオニコチノイド系の殺虫剤も使われている．これら生物起源農薬は自然の循環系で比較的容易に分解され，残留による環境汚染の原因になりにくいだろうといわれているが，医薬に対する耐性と交差するか，あるいは耐性を誘導するかについて，きびしく考えなければならない．近年，これらの農薬の一部に遺伝子工学的アプローチがなされ，また作用機構について新しい知見が得られている．

2) 耐性菌，抵抗性害虫と雑草　殺菌剤耐性菌，殺虫剤抵抗性害虫と除草剤抵抗性雑草の存在は病害虫，雑草防除が直面している最も困難な問題の一つである．たとえば米国での害虫による作物被害は1940年代には7%であったのが現在では13%に上昇したと推定されている．この被害増加の主原因は害虫が殺虫剤に対し抵抗性を獲得したためである．

病原菌が殺菌剤に対して感受性を低下させる現象を耐性といい，これは害虫や雑草の殺虫剤抵抗性や除草剤抵抗性と同義語に用いられる．耐性も抵抗性もともに農薬による淘汰が感受性を低下させるような遺伝的変化によって生じる．時には，ある農薬で淘汰された生物が，別の農薬に対しても同時に感受性を低下させることがある．この現象を交叉耐性あるいは交叉抵抗性という．

農薬の効果は一般に薬量（または濃度）―死亡率曲線から得られる半数致死薬量（LD_{50}；濃度の場合 LC_{50}）で示される．殺虫剤の薬量を違えて処理したときの死亡率をプロビット変換して薬量の対数に対し

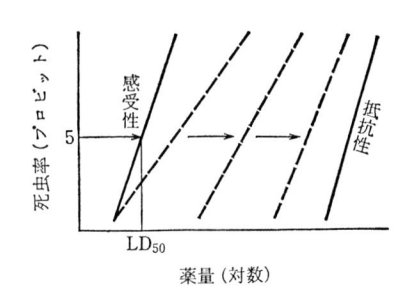

図 4.11　害虫の殺虫剤抵抗性発達を示す薬量―死亡率曲線模式図
点線は野外個体群が淘汰を受けて抵抗性を発達させていく過程を示す．殺虫剤感受性が高く，しかも変異の大きい個体群が次第に感受性を低め，しかも変異も小さくなって，純系抵抗性個体群に近づいていく．LD_{50} は感受性個体群の半数致死薬量．

てプロットすると，多くの場合直線関係が得られ，プロビット値5に対応する薬量がLD_{50}であり，直線の勾配は，個体群内の感受性の変異の大きさを示す（図4.11）．感受性の高い野外個体群を農薬散布で淘汰していくと，感受性の変異幅が小さくなるとともにLD_{50}値も上昇していき，抵抗性個体群の薬量-死亡率曲線に近づく．最終的にはLD_{50}値が数十倍から100倍程度に上昇し，それまで使用していた農薬が使用できなくなる．

表 4.9 雑草ノボロギクにおける除草剤連用による抵抗性獲得と思われる事例(Ryan, 1970)

除草剤名	処理量(kg/ha)	防除率(%) A	B
アトラジン	2.24	0	100
	4.48	0	100
	6.72	0	98
シマジン	2.24	14	100
	4.48	0	100
	6.72	0	100
ディクロベニル	2.24	100	100

A：シマジンやアトラジンを1958年より使用した場所．
B：アトラジン除草剤を連続使用しなかった場所．

除草剤に対する抵抗性雑草の発達は，殺菌剤や殺虫剤の場合に比較すると少ない．しかし植物によっては除草剤処理により感受性を低める事例（表4.9）が知られて以来，世界各地で除草剤抵抗性雑草の出現が報告されている．わが国でも1982年にパラコー抵抗性のハルジオンが発見されている．

耐性菌，抵抗性の害虫や雑草に対する対策として，新しいタイプの農薬開発，負相関交叉抵抗性農薬や共力作用をもつ化合物との混用，異なったタイプの農薬間の混用や交互施用などが考えられているが，基本的には農薬による淘汰圧をできるだけ減らすように，農薬散布を減少させる方策をたてることが重要である．

3) 農薬の安全使用　農薬の多くは殺生物化合物であるから，取扱い者特に散布作業者はその扱いに注意しなければならない．散布時には，眼鏡やマスク着用，体表の被覆など十分防護に心がけねばならない．また，誤飲などによる危害を防ぐために保管を厳重にするなど，日常的注意も大切である．誤って急性中毒を起こしたときは，何を使用していたかを医師に告げなければならない．農薬の種類によって治療法と解毒剤が異なるからである．

近年は農薬の食品への残留に格別の注意が払われ，厚生省（厚生労働省）によって農薬の残留基準値が設定されている．これは1日当たり摂取許容量（ADI）と国民の平均的食物メニューである食物係数から食品ごとの残留許容限界を求め，実際の農薬残留測定値の変動幅などを考慮して決められたものである．農林水産省では残留基準をもとに各農薬，作物ごとに，最大散布回数や収穫前散布禁

4) その他の問題点　　いろいろな生物に非選択的に効く農薬は，天敵を排除して，生物的防除に成功していた害虫やそれまでに知られていなかった病害虫を突然増加させることがある．この現象を生態的な誘導多発性（リサージェンス）という．わが国でも各種ハダニ類，ツマグロヨコバイ，ハスモンヨトウなどがその例として知られている．農薬が直接害虫に生理的変化を及ぼして産卵数を増加させ多発生させることがある．これは生理的な誘導多発生という．

分解しにくい農薬を農地に散布すると収穫物に残留するほか，水系などを通して自然の生態系に入り込み，食物連鎖を通して高い栄養レベルの生物へと順次濃縮されていく（図4.12）．この現象を生物的濃縮という．水生生物では食物連鎖以外にえら呼吸時に高レベルの濃縮が起こる．

これらの問題を解決するために害虫と天敵の間に選択毒性をもつ農薬，易分解性農薬の開発が進められている．このような開発の方向は選択性からくる適用対象の狭まり，残効性の低下による散布回数の増大，安全性確認のための経費・労力・時間の投下など，いろいろな問題もはらんでいるが，今後進むべき方向である．

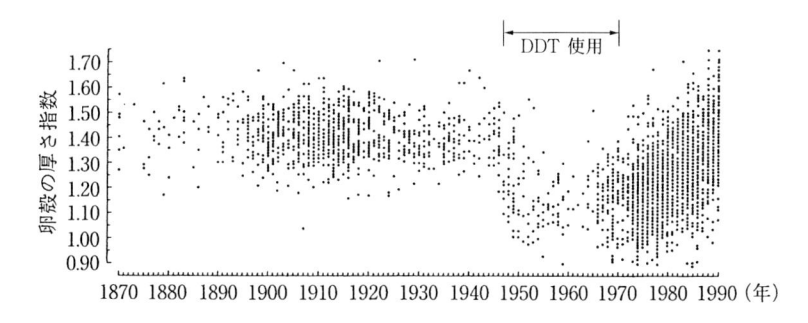

図 4.12　イギリスのハイタカの卵殻の厚さの年次変化（Newton, 1995）
DDTが使用され始めた1947年頃から，ハイタカの卵殻が著しく薄くなったことがわかる．使用が制限された1970年頃から少しずつ回復しているが，ほぼ元の厚さになるまでに約20年かかっている．

b．フェロモン

1) 害虫防除への利用　　前述（p.41）したように，フェロモンは生物が個体間の交信のために放出する化学物質である．特に雌雄間の性的交信に用いるフェロモンを性フェロモンという．1959年に世界ではじめてカイコガの性フェロモンの化学構造が明らかになって以来，1995年までにわが国で発生する約90種

の害虫で性フェロモンの構造式が知られている．図4.13にハスモンヨトウの性フェロモンの構造式を示した．

多くの性フェロモンは処女雌が放出し雄が誘引される．この誘引活性が著しく高いために，野外のトラップにフェロモンをつけて雄を誘引除去すれば害虫防除が可能だと考えられた．この方法は大量誘殺法と呼ばれる．

性フェロモンは雌雄間交信に用いられることを利用して，野外に性フェロモンを高濃度に放出させることによって雌雄間の交信を攪乱すれば，雌成虫の受精率が低下し害虫防除ができると考えられる．これを交信攪乱法という．

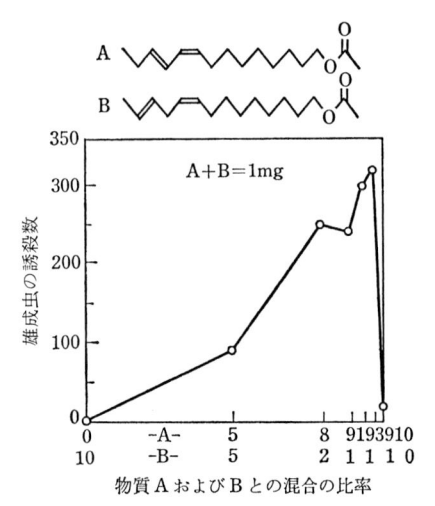

図4.13 ハスモンヨトウの性フェロモンを構成する2物質の構造式とその混合比率の違いが誘引効果に及ぼす影響（湯嶋ら，1973）

性フェロモントラップを用いて，雄成虫の誘殺数の変動から害虫の発生消長を知る目的にも広く利用されている．

2) 発生予察への利用　野外に設置したフェロモントラップへの誘殺数の累積曲線と，害虫の各発育ステージ発生数の累積値を模式的に表すと図4.14のようになる．横軸に暦日ではなく有効温量をとっていることに注意せよ．いま仮に50％誘殺時を目安とすると，その時点から毎日の有効温量を加えていって防除適期ステージに至った日に殺虫剤散布などを行えば，野外で害虫の発育追跡調査をしなくても適期防除が行える．

この方法は，カナダなどでリンゴの害虫コドリンガで実際に広く用いられている．

フェロモントラップは，重要な害虫がある地域から別の地域に侵入したかどうかを知るためにも用

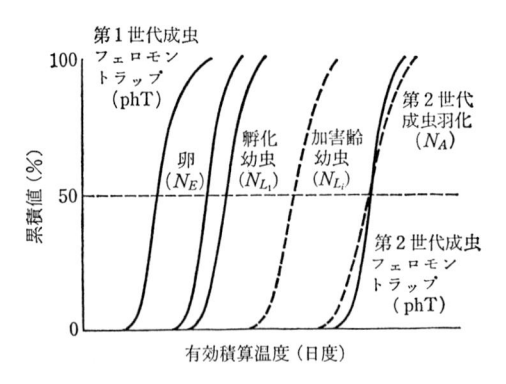

図4.14 フェロモントラップデータと有効積算温度による害虫の発育状態の予測（中筋房夫原図）

いられる．米国ではヨーロッパから侵入した森林害虫マイマイガ *Lymantria dispar* の新たな侵入地域を知るために，1890年ごろから処女雌トラップが用いられてきた．これはフェロモントラップの植物検疫的利用ともいえる．米国ではカリフォルニアアカマルカイガラムシ *Aonidiella aurantii* がミカン園に発生しているかどうかを知るために，合成フェロモンをつけたカイガラムシ検出器が市販されている．

3) 大量誘殺法 フェロモン研究初期にはこの方法による防除に大きな期待がかかっていたが，実際には交信攪乱法より防除例も成功例も少ない．この方法の欠点は，① 対象植物圃場外も含めて広い範囲にトラップを設置しなければならないことが多い，② 野外密度が高まると自然の雌成虫とトラップが雄成虫をとり合うことになり，この競合が誘殺効率を低下させてしまうなどである．トラップの経費から考えて単位面積当たりに設置できるトラップ数に制限があること，あまり多くのトラップを設置すると交信攪乱効果が生じ，誘殺効率をかえって低下させる可能性があるなどのため，野外密度の高いときには利用しにくい．しかしながら，飛翔活動性の低い害虫には狭い面積でも防除が可能であるし，発生初期の低密度時に利用すればその後の発生量を減らすことも可能であり，そのような条件をそなえた害虫に対する防除技術として期待される．

4) 交信攪乱法 交信攪乱法とは性フェロモンの有効成分そのものや，性フェロモン活性を阻害する作用をもつフェロモン構成要素を野外に大量に散布し，交信攪乱を起こさせる方法である．その詳しい機構はよくわかっていないが図4.15に示したようなものであろう．この方法のほうが大量誘殺法より多く用いられている．フェロモンはプラスチック製細管に注入され，持続的にフェロモンが蒸散するように工夫されている（図4.16）．

野菜，花卉，果樹害虫の防除用にかなりのフェロモン剤が農薬登録され，防除に用いられている．最近では，リ

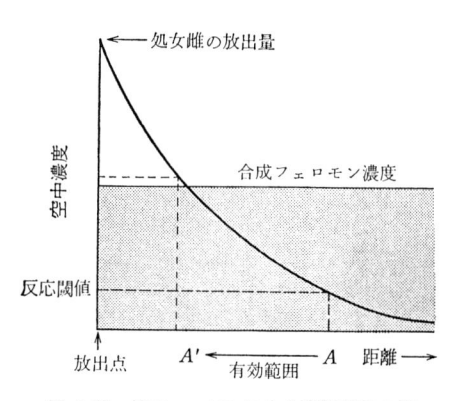

図 4.15 性フェロモンによる交信攪乱の機構を示す模式図（中筋房夫原図）
自然雌のフェロモン濃度の変化曲線と雄の本来の性フェロモンに対する反応閾値の交点が自然におけるフェロモン有効範囲である．人為的にフェロモンを高濃度に蒸散させると，反応閾値はより高い濃度にあがり，結果として処女雌フェロモンの有効範囲が狭められる．

図4.16 シロイチモジヨトウの性フェロモンを用いた交信攪乱法による防除を行っているネギ畑（高井幹夫原図）折り曲げられたキャピラリーから性フェロモンが放出され，雄，雌成虫間の交信が攪乱され，交尾を阻害する．

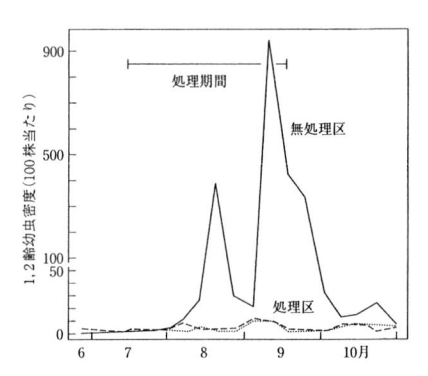

図4.17 シロイチモジヨトウ合成性フェロモンを処理した高知県土佐市のネギ圃場と無処理区圃場における若齢幼虫密度の変化（Wakamuraら，1989）

ンゴやモモ，ナシの害虫のシンクイガ類，ハマキガ類の複数の害虫の性フェロモンを混合した，複合交信攪乱剤がつくられており，果実に直接食入する害虫の防除に利用されている．これらの害虫には，これまで非選択的殺虫剤がくり返し散布され，その結果果樹園内の天敵が除去され，ハダニ類やアブラムシ類などの誘導多発生をひき起こしていた．フェロモン剤による交信攪乱防除により，天敵が保護され，ハダニ類やアブラムシ類の発生が抑制されるなどの副次的効果も期待される（p.144参照）．

4.6 バイオテクノロジー

バイオテクノロジーとは「生物体または生物学的システムを利用して目的とする物質や生物をつくり出す技術」をいう．広義に解釈すれば交配と淘汰によって新品種をつくり出す伝統的な育種技術なども含まれるが，狭義には遺伝子組換えや細胞融合などの技術によって生物起源の物質を生産したり，新しい形質をもつ生物をつくり出す技術をさす．狭義の内容は遺伝子工学ともいわれる．

a．細胞・組織の培養

植物の葯や胚などの組織または細胞を人工培養して植物体に育てる技術は，花卉園芸や蔬菜園芸の分野ではかなり以前から研究されてきた．たとえば交配では

増殖させにくいランなどの品種を組織培養法によって大量に増殖させて育苗するのである．組織培養技術は，病原ウイルスに感染していないウイルスフリー株を育成したり，培養中に出現する変異株を病原菌毒素で淘汰して耐病性の系統を選抜するなど，植物保護の分野でも利用されている．植物の分裂組織を培養し，肥料や生長調整剤，弱毒ウイルス，農薬などとともに適当なゲルに封入し，保存したり育苗場所に移動しやすい形態にした"人工種子"の開発も行われている．

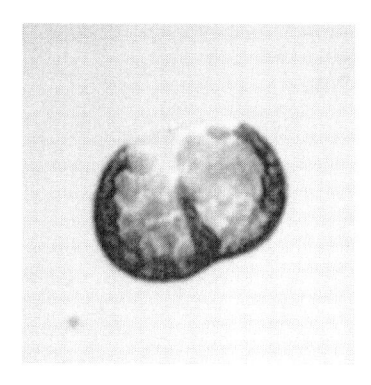

図4.18 融合（アカナス×カレヘン）細胞
（岩本 嗣原図）

組織・細胞培養技術は，つぎに述べる細胞融合や遺伝子組換えの基礎になる技術でもある．

b．細胞融合

植物の細胞は動物の細胞と異なりセルロース質の細胞壁をもっている．この細胞壁を，分解酵素を用いて取り除いたはだかの細胞をプロトプラストという．プロトプラストの状態にすると細胞を異種間で融合させたり（図4.18），ウイルス，バクテリオファージ，プラスミド（核外の細胞質に存在するDNA）などを媒介者（ベクター）として他の遺伝子を細胞内にとり込ませることも可能である．そのような処理を

図4.19 融合（アカナス×カレヘン）細胞からの茎葉の再生
（岩本 嗣原図）

した後プロトプラストを培養すると，組織培養と同様，新しい遺伝情報に従った通常の植物体に復元されうるものもある（図4.19）．ドイツでトマトとジャガイ

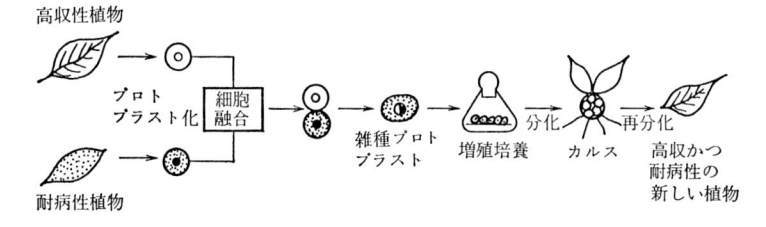

図4.20 細胞融合の手順を示す概念図

モ（ポテト）のプロトプラストを融合させてつくった"ポマト"という新しい植物がつくられて以来，いろいろな植物の種間・属間雑種がつくり出されている．

c. 遺伝子組換え

　生物の遺伝情報を担う DNA は異なる 4 種の塩基をもつヌクレオチドのくり返しでできている．この塩基配列はメッセンジャー RNA（mRNA）に転写され，その情報に従ってアミノ酸を組み合わせ酵素たんぱく質がつくられる．その酵素が生体を構成するたんぱく質を合成するのである．もしある生物（供与体，ドナー）の DNA の一部が有用な物質を生産するほかの生物（受容体，レシピエント）の DNA の一部に置き換えられたら，受容体生物はその新しい遺伝情報に従ってこれまで生産しなかった物質を生産するようになる．もとの生物が大量培養に適さない場合，培養しやすい生物に DNA を組み換えれば，有用な物質の大量生産が可能になろう．また，ある種（または品種）がもっている耐病虫性のような優れた形質を，それをもたないがほかの面では優れた形質をもつ種（または品種）に移し換えることができれば，生物をより好ましいものに改変することもできる．

　遺伝子組換えを行う場合には，① 目的とする物質生産や形質を支配している遺伝子の仕組み（DNA の構造）を知ること，② 組換えを行う相手（受容体細胞）の選定，③ 遺伝子を受容体細胞に運び込ませるベクターの作出と，受容体細胞に入れる技術の選定が必要である．ベクター DNA を受容体細胞に導入するには，植物感染性根頭がんしゅ病菌（*Agrobacterium tumefaciens*）を用いる方法，金などの微粒子にベクター DNA を付着させて，ガス圧で細胞内に撃ち込むパーティクルデリバリー法，パルス電流で細胞内に瞬間的に穴をあけて，DNA を取り込ませるエレクトロポレーション法などがある．ベクター DNA を導入した細胞を増殖させ（クローニング），細胞培養により再生させた植物体を形質転換植物（トランスジェニック植物）という．

　図 4.21 には遺伝子組換え技術を用いて微生物起源殺菌剤カスガマイシンの産生菌をより高い能力に改良した手順を示した．

d. 植物保護への利用の可能性

　遺伝子組換え技術は，植物品種へ各種の耐病性・耐虫性遺伝子を導入し，病害虫抵抗性品種をつくり出す目的で実用化が活発に行われている．先に述べた（p. 116）昆虫病原細菌，卒倒病菌の内毒素（BT 毒素）生産遺伝子を組み込んだトウモロコシ，ワタ，ジャガイモなどが，米国では広く栽培されており，その栽培

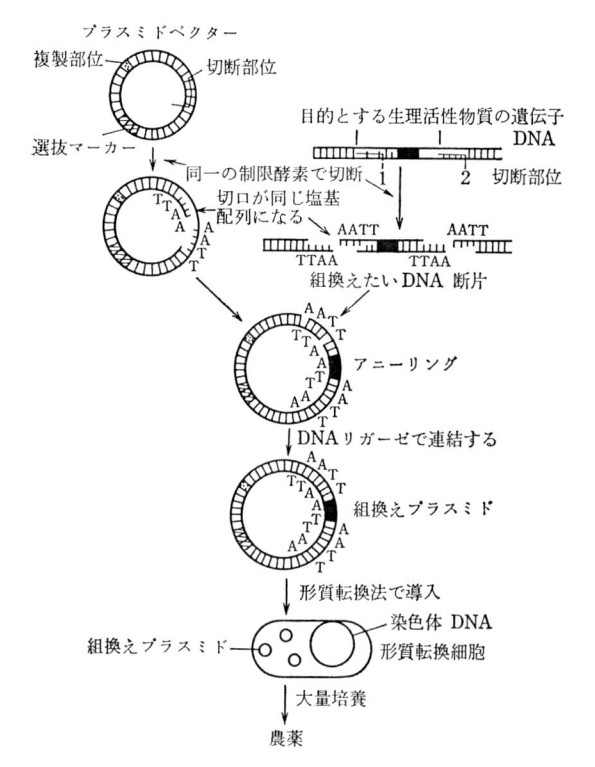

図 4.21 抗生物質生産能力の高い菌を得るための遺伝子
組換え手順の模式図（見里, 1985）
　DNA 供与体として M 518 株を，宿主としてはカスガマイシン生産株 1,121 を用いた．遺伝子組換えの結果，生産能力は 10 倍に高まった．

面積は 1997 年には 350 万ヘクタールにも達している．

　除草剤開発では，作物と雑草に対する選択性に主眼がおかれているが，どちらも近似の高等植物であるため完全に選択的化合物を見出すことはむずかしい．このため除草剤はしばしば作物に対して薬害をひき起こす．そこで，作物に除草剤抵抗性因子を導入し，殺草効果の高い非選択的除草剤を利用する技術もダイズなどですでに実用化されている．ただし 1999 年現在，わが国ではこれら作物の栽培はなされていない．

　以上述べてきたように，遺伝子組換え技術の最近の進歩は著しく，植物保護分野以外にも低温，乾燥，塩分耐性など，環境ストレス耐性を付与した植物の作出も広く試みられており，不適な環境下での植物生産の向上に寄与することが期待

されている．

しかしながら，遺伝子組換え作物は，本来その作物が生産しない異種のタンパクなどの物質を含むことから，食品としての安全性に対する消費者の不安も指摘されており，わが国では，これら作物を含む食品の多くに，その旨の表示が義務づけられるなど問題も残されている．

先端技術の思わぬ落とし穴

作物保護技術の切り札として登場した遺伝子組換え作物が自然環境に予期せぬ影響を与える可能性が示されている．害虫の病原細菌の Bt 内毒素生産の遺伝子を組み込んだトウモロコシは，チョウ目害虫防除の有効な方法として米国中西部のコーンベルト地帯を中心に広面積栽培されている．この Bt トウモロコシ畑の周辺に自生しているトウワタは，北米大陸を秋に 3,000 km にもわたって長距離移動をすることで知られているオオカバマダラ *Danaus plexippus* の幼虫の餌植物である．

コーネル大学の Losey らによると，Bt トウモロコシの花粉をまぶしたトウワタの葉をオオカバマダラの 2～3 齢幼虫に摂食させたところ，4 日までに 45% の幼虫が死亡した．死ななかった幼虫も摂食量がいちじるしく低下し，体重が軽くなった．この地域のトウモロコシの開花期はちょうどオオカバマダラの幼虫の発育期に当たっており，その影響が心配されている．

しかしながら，組換え作物を栽培しない場合には，当然殺虫剤が散布されて，オオカバマダラに影響を及ぼしているはずである．どちらの影響がより大きいかによって評価がくだされるべきである．

トウワタを食べるオオカバマダラ幼虫
（石井　実原図）

研 究 問 題

4.1　農協で農薬の購入価格をたずねよう．その使用量から 10 a 当たり 1 回散布に要する薬剤費を計算してみよ．同じようにして他の農薬についても計算し，薬剤費を比較してみよ．

4.2　同種の農薬を連用すると，抵抗性病害虫や雑草の出現を招く．これを防ぐために農薬の選択や使用法についてどのような注意が必要か．（植物防疫講座農薬・行政篇 (1997) 参照．）

4.3　アズキゾウムシ，コクゾウムシ，イエバエなど飼育が容易な昆虫の成虫を大量に準備する．市販の有機リン剤の乳剤か水和剤を適当に選び，有効成分量をもとに 1,000～10 ppm 範囲で 7～8 濃度段階の異なる薬液をつくる（2 倍希釈が便利である）．成虫を 10 匹ずつ金網に入れ，薬液に 10 秒漬けてとり出し，シャーレに入れる．1 濃度に対してくり返しを 5 つ程度行う．1 時間おきに死虫率を調べる．濃度の対数に対し死虫率をプロビット変換してプロットする（図 4.11）．プロットを代表するおおまかな回帰直線を引き，半数致死濃度を求めよ．半数致死濃度の計算法：深見ら (1981) を参照．

4.4　付近にバイオテクノロジー関係の研究所があれば見学しよう．この技術の植物保護への利用の可能性について，クラスで話し合ってみよう．

5. 病害虫と雑草のシステム管理

5.1 システム管理とは何か

a．総合的有害生物管理

　戦後，有機合成農薬が登場して以来，ほとんどすべての有害生物に有効な農薬が開発された．その結果，植物保護技術はほとんど農薬だけに依存するようになったが，4章に述べたように，農薬偏重の防除はさまざまな弊害をももたらした．潜在的病害虫の顕在化や抵抗性害虫・耐性菌の出現は農薬の種類，散布回数，有効成分量を増加させ，1960年代のワタ栽培のようにこれ以上農薬防除には頼れない状態にまで陥ったのである．米国では農薬散布に経費をかけても病害虫の発生のために収量が減少しはじめ，ワタ生産が成り立たなくなった．一方，農薬の急性・慢性毒性を回避するための試験など開発経費がかさみ，現在では一農薬の開発に50億円またはそれ以上もかかるといわれている．巨額の開発費を投じてつくり出された農薬が，抵抗性害虫の出現などで短期間に使用できなくなる例も多く，殺ダニ剤で特に深刻な問題である．最近では農薬会社の側からも農薬の過剰な散布を回避する方策を求めはじめている．

　このような背景から総合的有害生物管理 (integrated pest management)* の考え方が生まれてきた．総合的有害生物管理は「あらゆる適切な防除手段を相互に矛盾しないかたちで使用し，経済的被害許容水準 (EIL) 以下に有害生物個体群を減少させ，かつその低いレベルに維持するための個体群管理システム」と1965年に FAO によって定義された．この定義の中には，3つの重要な概念が含まれている．それらは，① 複数の防除手段の合理的統合，② 経済的被害許容水準，③ 有害生物個体群のシステム管理である．

---

　* 慣用的には総合的害虫管理の語が使われるが，英語の pest は植物の有害生物すべてを含んでいる．したがって，本来総合的病害虫雑草管理ないし総合的有害生物管理というべきである．なお，総合的有害生物管理は，その英語の略から，しばしば IPM といわれる．

　「複数の防除法の合理的統合」とは，いくつかの防除技術を組み合わせて用い

ることを意味し，従来の「農薬主義」や「天敵主義」などの単一防除手段至上主義をとらない立場を明確にしたものである．

定義の「経済的被害を生じるレベル」は，その後経済的被害許容水準（economic injury level, EIL）という用語で表現されるようになった．これは，防除によって，防除コストに見合う以上の利益が得られないレベル以下の有害生物密度のときには，防除を行わないことを意味する．この考え方は従来の農薬による有害生物の皆殺し防除（天敵や非有害生物も同時に除去される）を否定し，ある密度以下であれば有害生物の存在をも許容しようとするもので，後に述べるIPMの実行上とりわけ重要な考え方である．

「有害生物個体群管理システム」には，従来の経験と勘による防除を排して，有害生物個体群密度の動態や被害の発生量を科学的に予測し防除を行う，とする理念が込められている．この理念の実現する方法として，農業生態系，作物生産，有害生物個体群密度，被害の動態を抱括的に記載するシステムズモデルと，それを用いたシステムズ分析の重要性が強調されている．

b. 複数の防除法の合理的統合

総合的有害生物管理を行うためには，各種防除手段を相互に矛盾しないように使用しなければならない．そのためには各々の防除手段のもつ特性を生態学的に十分調べておく必要がある．これを事前評価（アセスメント）という．図5.1に防除手段をそれらが有害生物密度に及ぼす影響の違いで分類して示した．手段Aは，密度の平均値を低下させたり，変動幅を小さくするように働く防除法で

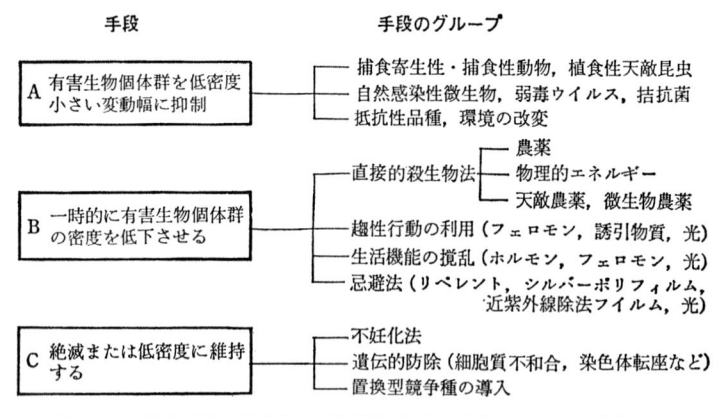

手段	手段のグループ
A 有害生物個体群を低密度小さい変動幅に抑制	捕食寄生性・捕食性動物，植食性天敵昆虫 自然感染性微生物，弱毒ウイルス，拮抗菌 抵抗性品種，環境の改変
B 一時的に有害生物個体群の密度を低下させる	直接的殺生物法 ─ 農薬 物理的エネルギー 天敵農薬，微生物農薬 趨性行動の利用（フェロモン，誘引物質，光） 生活機能の撹乱（ホルモン，フェロモン，光） 忌避法（リペレント，シルバーポリフィルム，近紫外線除法フィルム，光）
C 絶滅または低密度に維持する	不妊化法 遺伝的防除（細胞質不和合，染色体転座など） 置換型競争種の導入

図 5.1 各防除手段の整理を示す模式図（桐谷・中筋，1977を一部改変）

ある．手段Bは，農薬のように一時的に密度を低下させる防除法である．手段Cは，4章で述べたように，有害生物個体群を根絶に導く可能性がある防除法である．最近では，この手段を必ずしも根絶目的のためだけではなく手段Bのように用いる試みもなされている．

図5.2に手段A，B，Cが有害生物の個体群管理に果たす役割を模式的に示した．伝統的な農薬による防除では密度がEILを越えると予想されたときに散布して，一時的にEIL以下に密度を抑えていたにすぎない．総合的有害生物管理では，まず手段Aによって密度を永続的に下げたり，変動幅を小さくして密度がEILを超える頻度を少なくしたりする．このような場合にも，気候の好転などによって密度がEILを超えると予想される事態はしばしば起こりうる．このとき手段Aの働きをできるだけ破壊しないように手段Bを用い一時的に密度を下げ，再び手段Aの働きに依存できるようにするのである．手段Cの導入は総合的有害生物管理ではむしろ例外的である．

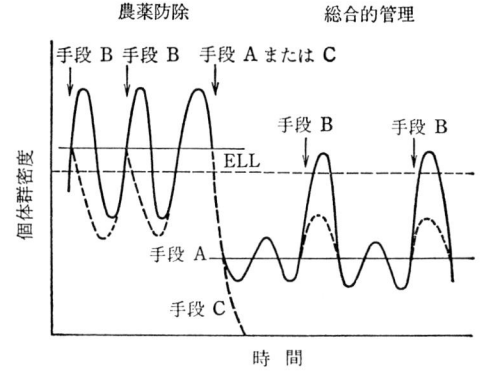

図 5.2 総合的有害生物管理における各種手段の役割を示す模式図（桐谷ら，1971を一部改変）
実線は無防除のときの有害生物の個体数の変化，点線は防除したときの変化をそれぞれ示す．

c． 経済的被害許容水準と要防除密度

経済的被害許容水準（EIL）とは「経済的損害をもたらす最低の有害生物密度」である．すなわち，密度がEIL以上に増加するとき防除費用をかけてもそれに見合うだけの収益増が得られると期待される．許容水準という語が密度のレベルをさしているにもかかわらずときどき被害レベルと混同されたりする．この混乱をなくすために被害許容密度と被害許容

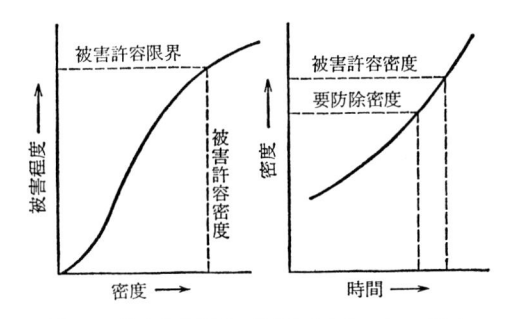

図 5.3 被害許容限界，被害許容密度および要防除密度の相互関係を示す模式図
（巖・桐谷，1973を一部改変）
被害程度と有害生物密度および有害生物密度と時間経過の関係を示す曲線の形は任意的なものである．

表 5.1 日本の病害虫・雑草の経済的被害許容水準と要防除水準の例

作物病害虫・雑草名	経済的被害許容水準(EIL)*1 または要防除水準(CT)		文献
イ ネ			
いもち病	病穂率15%	毎年このレベルを超える圃場多い地帯（基幹防除，葉いもち1～2回，穂いもち2回）(CT)	横山(1981)
		多発生年にこのレベルを超える圃場多い地帯（基幹防除，穂いもち1回）(CT)	
		多発生年にもほとんどこのレベルを超えない地帯（基幹防除なし）(CT)	
紋枯病	発病株率10%（1回防除）(CT)		横山(1979)
	1回防除後発病株率30%以上（2回目防除）(CT)		
	同　　以下（上位葉鞘の進展激しいと予想される気象条件）(2回目防除在秋CT)		
白葉枯病	本田初期	バクテリオファージ数10個/ml以上で浸冠水(CT)	横山(1979)
	穂ばらみ期ごろまでに発病あり(CT)		
縞葉枯病	出穂期 発病株率5%(EIL)		岡本・大畑(1973)*2
	本田初期 ヒメトビウンカ成虫3匹/株(CT)（保毒虫レベルで異なる）		尾崎・亀山(1981)
萎縮病	休閑田 ツマグロヨコバイ成虫8匹/10回すくい取り（保毒虫率5%）(CT)		Kiritani and Nakasuji(1977)
ニカメイガ	第1世代	幼鞘変色茎率12%(CT)	小山(1978)
		心枯茎率　5%(EIL)	高木(1958)
	第2世代	第1世代末期幼虫1,500匹/10 a(CT)	Kiritani(1981)*2
	被害茎率	15%(EIL)	
イチモンジセセリ	第2世代	1齢幼虫　3～15匹/株(CT)	青木(1981)
		蛹　0.9～2.1匹/株(EIL)	
コブノメイガ	分げつ期～出穂期 被害葉率30%(EIL)		佐々木(1981)
イネクビボソハムシ	5月下旬 成虫　0.5匹/株(CT)		江村・小嶋(1978)
	6月上・中旬 中齢幼虫　3匹/株(CT)		
イネミズゾウムシ	越冬世代成虫侵入数　0.25匹/株(CT)		都築ら(1983)
トビイロウンカ	8月上旬（第3回成虫）短翅雌成虫0.36匹/株(CT)		岸本ら(1965)
イネキモグリバエ	第1世代 被害茎率　14%(CT)		岡本・大畑(1973)*2
	第2世代傷穂率　11%(EIL)		
ミナミアオカメムシ	乳熟期 5.4～6.1匹/50回すくい取り（二等米）(CT)		中沢ら(1972)，中筋(1973)
クモヘリカメムシ	乳熟期 17匹/50回すくい取り（二等米）(CT)		清水・丸(1978)
イネシンガレセンチュウ	75匹/穂(EIL)		尾崎ら(1981)
温州ミカン			
ミカンハダニ	春葉 若虫・成虫 1,150匹・日/葉(EIL)		西野・大串(1977)
	夏葉 〃 1,600匹・日/葉		
ヤノネカイガラムシ	越冬後 雌成虫0.47匹/100葉（マシン油+有機リン剤1回）(CT)*3		大久保(1978)
ミカンツボミタマバエ	葉に対するつぼみ比0.32のときつぼみ被害率30%(EIL)*2		加藤(1980)
クリ			
モモノゴマダラノメイガ	毬果上の卵数0～1/50果　無防除		真梶(1980)
	2～4/50果　1回散布	(CT)	
	5～9/50果　2回散布		
畑作物			
ハスモンヨトウ	7月世代 フェロモントラップ誘殺数 950匹/5日(CT)		Nakasuji and Kiritani(1978)
	8月世代 〃 800匹/5日(CT)		
	ビニールハウス，ナス5, 6齢幼虫 0.4匹/m²(EIL)		松崎ら(1976)
	〃 ピーマン 〃 0.3匹/m²(EIL)		
雑草	陸稲 生体重1.24 g/m²(CT)		川延(1959)

*1：イネの経済的被害許容水準は平均収量の5%減収を仮定している．
*2：詳しくは図3.15参照．

限界に分けて用いることも提案されている（図5.3）．

　実際に密度がEILを超えるときには防除適期を逸している場合が多い．たとえば，カイガラムシが被害を与えるのは老齢幼虫か成虫であるが，このステージは殺虫剤が効きにくく，防除は幼虫が孵化した直後になされる．このような場合，防除の要否は密度がEILを超える以前のある時点の閾値（いきち）で決められる必要がある．この閾値のことを要防除密度という（図5.3）．要防除密度は調査が容易な発育ステージで決められることが望ましい．表5.1にはこれまでにわが国で設定が試みられた経済的被害許容水準と要防除密度（水準）の例を示した．いもち病，紋枯病やヤノネカイガラムシの例を除けば，密度が要防除閾値を超えたときに投入する防除法やその強度を明示していない．経済的観点からいえば，それらは不完全で暫定的であるが，このような目標値が決められるだけでも，むだな農薬散布が省略できる効果がある．

d．有害生物個体群のシステム管理

　総合的有害生物管理を構成する他の重要な概念として，有害生物個体群のシステム管理がある．これにはシステムズモデルを用いた分析が用いられる．

　有害生物管理のモデルには，植物の生長，有害生物の個体群密度の変動，有害生物による植物への被害などの生物学的過程を数量的に記載したモデルが用いられる．さらに収量，価格，防除経費などが社会経済的要素で変動する過程を記載するモデルも必要である．これらのモデルは，多くの変数と，変数間の相互関係を表す関数など複雑なシステムズモデルになっているために，このモデルを制御

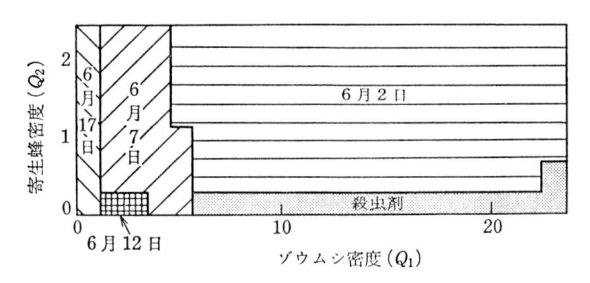

図5.4　アルファルファタコゾウムシ防除の意志決定表（Shoemaker, 1977）
　Q_1，Q_2 は 10^4/エーカー当たりで示す．また図中の日付は，最適刈取り日を示す．
　牧草アルファルファは，刈取りを遅らせば収量を増すが，ゾウムシ密度が高いと被害を受け収量は減る．ゾウムシには有力な天敵寄生蜂がいるので，アルファルファの最適刈取り日は，ゾウムシ，寄生蜂の密度によって決められる．ゾウムシ密度が高く寄生蜂が少ないときには，殺虫剤を散布しなければならない．この図は，ダイナミックプログラミングの手法を用いてつくられた．

して最適な防除を知るための手法も必要である．これには工場生産管理などで発達してきたダイナミックプログラミングなどの手法が用いられる．

システムズモデルを用いて，個体群密度や被害の変動予測を行ったり，さまざまな防除手段を投入したときのそれぞれの防除効果や費用-収益関係を調べ，最低の防除費用で最大の利益を得る方法をシミュレーションで調べる．このシミュレーションと実際防除の結果を比較し，モデルの有効性を高めるよう修正していくのである．システムズ分析から，栽培者に対し，現在の有害生物の様態に対応した最適防除のメニューを示すことができる．このメニューのことを意志決定表という（図5.4）．

e. 発生予察と発生監視

有害生物個体群の変動を予測することを発生予察（フォーキャスティング）という．わが国では1950年に制定された植物防疫法によって国と都道府県にまたがる公的な発生予察組織がおかれている．これは国の補助事業で「農作物有害動植物発生予察事業実施要綱ならびに同要領」（通常，「発生予察要綱」といわれる）に従って実施されている．都道府県には防除所がおかれ，発生予察員が発生予察業務に当たっている．予察員は地域の巡回調査や予察圃場の調査などで病害虫の発生状況の資料を得て，これをもとに，発生予報（毎月），注意報，警報などを発令することができる．これら情報は農業協同組合や各種農業団体を通して，また報道機関などに公表され，栽培者に伝達され防除の徹底が図られる．

発生予察の予報，注意報，警報による以外の防除は，通常農業協同組合など農業団体や企業が作成し栽培者に提供される防除暦に従って慣行的になされる．防除暦には，その年の病害虫の発生量の多少に関係なく慣行防除の体系が暦日に従って記載されているため，不必要な防除や不適当な時期に農薬を散布するなどの欠点がある．このような不要な防除を避けるためには，農家自身が有害生物の発生を監視（モニタリング）し，防除の要否を判断しなければならない．発生予察は広域を対象としているのに対し，発生監視は個別の圃場を対象として行われる．予察と監視が車の両輪のように機能し，はじめて合理的な防除が可能になる．

f. 植物検疫

海外や他地域からの有害生物の侵入は，それまでに確立されていた防除の枠組を大きく混乱させる恐れがあり，可能な限り防がなければならない．そのために各国とも植物検疫という制度をおいている．わが国では植物防疫法に従って，主

要な国際港・空港に植物防疫所がおかれ植物検疫を実施している．

わが国に生息しておらず，侵入するとわが国農林業に重要な影響があると考えられる有害生物のうち，最も侵入が恐れられている10数種の病害虫*についてはその寄主植物自体の輸入が禁止されている．またそれらに次ぐ重要な病害虫で，輸入時の検査では発見が困難であるが，輸出国での栽培期間中の調査で発生の確認が可能なものは，輸出国に対して栽培地検査の要求を行っており，線虫類3種，病原体7種がその対象とされている．これら栽培地検査要求対象病害虫に次いで重要なもの52を特定重要病害虫と定め，侵入防止に全力をあげている．

* チチュウカイミバエ，ミカンコミバエ種群，クインスランドミバエ，ウリミバエ，コドリンガ，アリモドキゾウムシ，イモゾウムシ，コロラドハムシ，ヘシアンバエ，ジャガイモシストセンチュウ，ジャガイモシロシストセンチュウ，カンキツネモグリセンチュウ，ジャガイモがんしゅ病菌，タバコべと病菌，火傷病菌，日本未発生のイネの検疫有害動植物（学名省略）．

上に述べたように，有害動植物およびそれらが付着している恐れのある植物，土壌などは輸入禁止品になっており，研究など特別の目的で農林水産大臣の許可を得たもの以外は海外から持ち込むことができない．海外旅行などで生きた動植物や果実などを持ち帰る場合は，必ず港や空港で植物検疫を受けねばならない．穀物や生鮮植物の輸入時にも植物検疫がなされ，有害生物が発見された場合は燻蒸などの処置が命じられる（図 5.5, 5.6）．

植物検疫のおかげで各種ミバエ類，リンゴの大害虫コドリンガなどの侵入を防いできた．しかし，近年の交通手段の発達や移動手段の多様化などで植物検疫の網の目をくぐり抜けて，イネミズゾウムシ，オンシツコナジラミ，ミナミキイロアザミウマ，ジャガイモシストセンチュウ，シルバーリーフコナジラミ *Bemisia*

図 5.5 コンテナで多量に輸入される果物（中筋房夫原図）
これらは植物防疫所の検疫官によって病害虫の有無が検査される．

図 5.6 倉庫で輸入植物のくん蒸を指導する名古屋植物防疫所の検疫官（中筋房夫原図）

argentifolii，マメハモグリバエ *Liriomyza trifolii*，ミカンキイロアザミウマなどの侵入が相次いでいる．

最近では海外へ出かける人が増え，また食糧その他の目的で輸入する植物の量，種類とも増大しており，さらにバイオテクノロジーのための遺伝資源の導入など新たな問題にも直面し，これらに対処するために検疫の能率と技術両面の改善が要求されている．さらに国際植物防疫条約の改正，諸外国の検疫要求の多様化，開発途上国への検疫技術協力など検疫事業の国際化に伴う新たな課題も多い．

5.2　病　　気

わが国では，病害の発生を的確に判断し農薬散布の適期や回数を正しく把握するため，コンピュータを利用した発生予察が盛んに行われている．ここでは，イネいもち病，ハクサイの根こぶ病と黄化病，およびリンゴの腐らん病の総合的管理について述べるが，病気の総合的管理に関する知見は少なく，今後に残された問題が多い．

a. イネいもち病

コンピュータを利用した本病の発生予察モデルの一つは BLASTAM といわれ，気象庁の地域気象観測システムアメダス（AMeDAS）のデータと葉いもちの流行に関するこれまでの研究成果をもとにして本病の発生予測を行おうとするものである．その後，電話回線によるデータ収集にも適応するようバージョンアップがなされ，現在では，翌日に各地の病害虫防除所ごとの感染好適条件を知ることができ，発生予察情報が流せるようになった．今後，重要な発生地域には結露時間などが観測できる施設を作れば，さらに観測網が狭まって本法の精度は上がることになる．もう一つの方法には，いもち病流行のシミュレーションを行って葉いもちの発病を予測する BLASTL がある．これは，いもち病の流行を複数の要素が互いに関連しながら全体としてある働きをする一つのシステムとしてとらえ，病原菌の行動，イネの生育，およびそれらに影響する気象要因などを因果関係によって結びつけ，コンピュータプログラムとしてモデル化したものである．BLASTL は，アメダスから得られる日照時間，降水量，風速および気温のデータと結露計で観測される結露時間のデータを用い，パーソナルコンピュータでも短時間で演算できる．本法は，複数の県で葉いもちの病勢進展を量的に予測できるモデルとして評価され，実際の発生予察に使われている．さらに，シミュ

表 5.2 イネいもち病防除の体系化・総合防除(横山, 1981)

耕種的（生理・生態的）防除
① 環境衛生管理：被害わらの適正処分，余り苗や補植用苗の早期除去，飼料イネやイネ以外の伝染源植物などの処理問題
② 土壌改良：ケイ酸質資材などの施用，排水不良改善など
③ 品種選定：良質・良食味の圃場抵抗性強品種の選定 レース出現（変異）対策を考慮した適正栽培面積，年数，交替栽培
④ 施肥の合理化：土壌条件に適合した合理的施肥法（特に窒素施肥法・適量施用）
⑤ 栽培法の改善：優良種子の確保，健苗育成，適期移植，健全栽培 （栽培密度，灌漑水，中干し，落水期などの適正化）
薬剤防除　最適防除暦の作成，種子消毒の徹底，育苗期および本田期防除の体系化（平常発生，多発生対応，他病害虫との同時防除など），発生予察情報による適正防除修正（適期回数および補正防除要否診断の適正化）

レーション手法の利点は農薬散布や追肥の効果も評価できることにある．今後は，このような評価機能を充実させて発生予察への利用にとどまることなく，総合的ないもち病管理の意志決定支援システムへと発展していくことであろう．

　表5.2にいもち病の総合的管理に関する主要な防除手段とその体系化の一例を示した．防除を要する地帯では，まず耕種的な防除手段によって対策を講じる．可能な限り抵抗性品種を選定し，種子消毒を耕種的防除の補助手段として実施する．品種，特に食味の良い品種への改良が重要視されるなかで，これに病害抵抗性をいかに調和させていくかが重要な課題となろう．

　病害は気象条件という確率的な事象に大きく左右されるので，平常時から病気に対する積極的な取組みが望まれる．病原菌を毎年恒常的に一定の密度以下に保っておくことが，結局防除の安定化につながり，効率的にもなると考えられる．したがって，総合的管理体系は短期一作だけのものではなく，数年あるいはそれ以上にわたる中・長期的な視野でうち立てることが望ましい．

b. 野菜の土壌病

　土壌病の総合管理に当たっては，薬剤散布や土壌消毒によって土壌中の病原体（主因）の活動を抑えたり密度を低下させるだけでなく，むしろ環境要因（誘因）*を制御することが発生の鍵を握るほど重要であるという．

* 自然条件：気象，地形，土壌，雑草など；栽培条件：作付体系，農薬，農機具，植物残渣，肥料など；社会・経済的条件：労働力，経営面積，労働・経営意欲，市場性，立地など

　リモートセンシング技術によると，果樹園，茶などの永年作物にあっては個々の木の病気の前歴が記録できるし，病害の進展状況，治療中の木，耐病性品種な

ども見定められる．また，水稲，畑作物，野菜などの空気伝染性の病気の初期発生の検知，被害査定，耐病性品種・系統の選抜に有用である．

この技術を土壌病害に用いることができるのは，本病には常発地が存在して航空写真画像から汚染地域がわかり，その拡大状況も明らかにできるからである．また，ある年の発病状況を広面積にわたって把握できれば，これは次年度以降の耕種改善，薬剤処理など総合的な管理対策を立てるうえで，貴重な情報を提供することになる．

そこで，広域にわたる産地の地形，栽培条件，被害状況などに関する情報をリモートセンシングにより把握するとともに，これと並行して連作障害の要因別発生状況，自然条件，栽培管理，経営内容に関する実態調査を行い，両結果とを総合解析し，広域迅速診断技術の開発を図ることが可能となる．

ハクサイの圃場を対地高度1,000 mより縮尺約1/5,000で赤外カラー画像を撮影し，定点圃場の平均画像濃度と任意抽出法により把握した圃場平均発病程度との間の相関関係を図5.7に示した．赤外カラー画像の各青（B），緑（G），赤（R）バンドと発病程度との間に相関があり，特にGバンドで最も高い相関を認め，黄化病の圃場単位の発病程度をリモートセンシングにより把握しうることが明らかにされた．同じようにして，ハクサイ根こぶ病の発病程度を赤外カラー写真で把握することもできた．

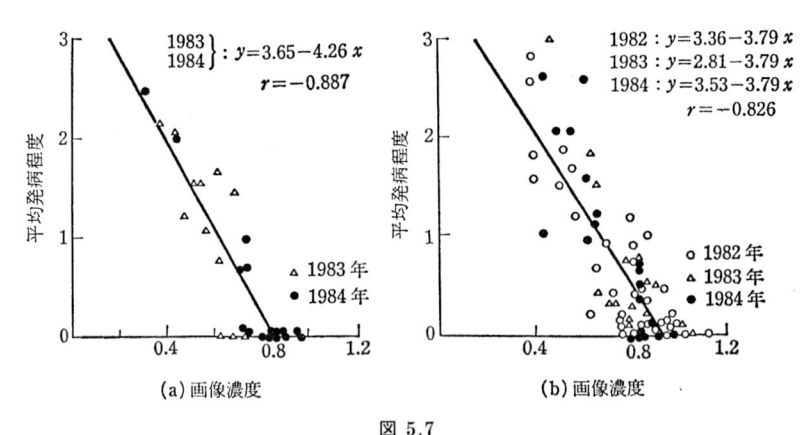

図 5.7
(a) 2か年のデータをプールしたハクサイ根こぶ病の圃場平均発病程度と赤外カラー写真の圃場平均画像濃度（Gバンド）との関係（駒田ら，1985）
(b) 3か年のデータをプールしたハクサイ黄化病の圃場平均発病程度と赤外カラー写真の圃場平均画像濃度（Gバンド）との関係（駒田ら，1985）

ハクサイ根こぶ病は黄化病と混合発生することも少なくない．したがって，ハクサイの連作障害の総合的管理を図るには，両病害の混合発生下で個々の病害の発生程度を把握する方法を究明する必要があろう．

リモートセンシング技術を導入した土壌病害に対する総合的管理体制は図5.8のようになる．

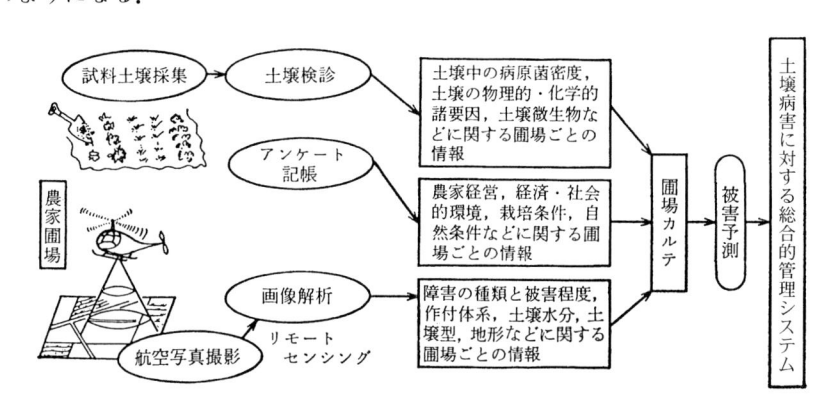

図5.8 リモートセンシング技術を導入した土壌病害に対する総合的管理体制
（駒田　旦原図より作図）

c. 果樹病害

果樹病害では，要防除水準に関する研究成果がほとんどない．これは，果樹の病害では1個の病斑でも果実の市場価値を下げるために過剰防除になりがちであることと，単年だけを考えると良好な結果が出る場合でも，防除の程度によっては菌密度が年々増加し，やがて大流行を招くことがあるからである．したがって総合的管理といえるものはまだないが，若干これに近い例としてリンゴ腐らん病

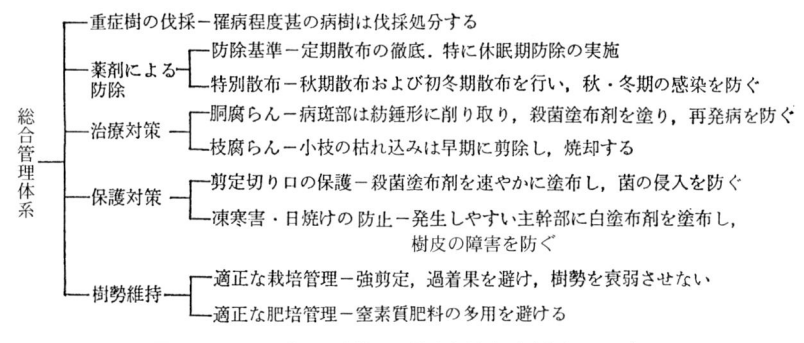

図5.9 リンゴ腐らん病防除の技術的対応（平良木，1983）

をあげることができる（図5.9）.

5.3 害　　虫

近年，害虫の総合的管理体系が野菜や果樹などで組みたてられ，その一部は実用化されている．ここではそれらのうち，リンゴ害虫の総合的管理を一例としてとりあげる．

リンゴ，ナシ，モモなどの落葉果樹には害虫の種類数が多く，そのため殺虫剤の散布回数も多くなる．とりわけシンクイガ類やハマキガ類は，新梢や葉のみではなく，果実に直接被害を与え減収に結びつくため，有機リン剤，カーバメート剤，合成ピレスロイド剤などを繰り返し散布して防除しなければならない．これらの殺虫剤には非選択的で天敵にも影響を及ぼす剤が多いため，ハダニやアブラムシ類の天敵が除去されてしまう．その結果，ハダニやアブラムシの誘導多発生を引き起こし，これらの防除のために殺ダニ剤や殺虫剤の散布が必要になる．とりわけハダニ類は殺ダニ剤に対して抵抗性を発達させやすいために，栽培現場では大きな問題となっている．

このような悪循環を断ち切るために，シンクイガ類やハマキガ類の防除に性フェロモンの交信攪乱剤を用いた防除体系の改善が各地で行われており，普及している．性フェロモン剤は本来昆虫種に特異的な活性をもつが（p. 125参照），複数の昆虫の性フェロモン成分を混合して製剤化した複合交信攪乱剤が実用化されたことによって，上に述べた防除体系が経費の面でも普及可能になったのである．

リンゴの害虫の場合，キンモンホソガ Phyllonorycter ringoniella，リンゴモンハマキ Archipus breviplicanus，リンゴコカクモンハマキ Adoxophyes orana fasciata，ミダレカクモンハマキ Archips fuscocupreanus，モモシンクイガ，ナシヒメシンクイガの6種を同時に交信攪乱できる，アリマルア・オリフルア・テ

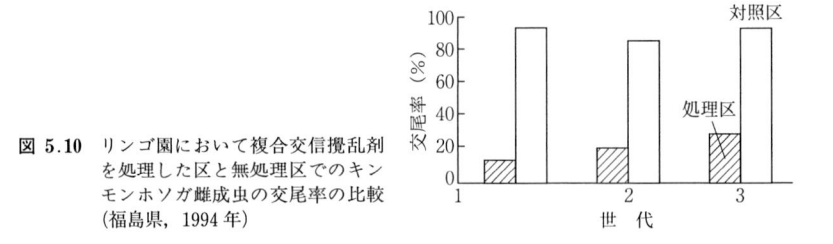

図 5.10　リンゴ園において複合交信攪乱剤を処理した区と無処理区でのキンモンホソガ雌成虫の交尾率の比較（福島県，1994年）

表 5.3 リンゴ園における複合交信攪乱剤の果実被害抑制効果

	100果当り被害果率		
	福島県 1994年		長野県 1995年
	ハマキムシ類	モモシンクイガ	ハマキムシ数
処理区（殺虫剤削減）	0.30	0.00	0.19[1]
無処理区（慣行防除）	0.15	0.15	0.14

1) 3試験区の平均値（9月6日）

表 5.4 福島県で行われている複合交信攪乱剤を利用したリンゴ害虫の総合的管理（岡崎，1998）

散布時期	慣行防除（1998）	総合的管理（IPM）	
		普及体系（1996～）	改善試験中（1997～）
発芽1週間前	マシン油乳剤	マシン油乳剤	マシン油乳剤
展葉初期	チオジカルブ, FL	—	—
展葉中期	硫酸ニコチン, L （ピリミカーブ, WP）	—	クロルフルアズロン, FL
落花直後 （5月8日頃）	パミドチオン, L プロチオホス, WP （ベンゾメート, EC）	パミドチオン, L プロチオホス, WP （ベンゾメート, EC）	ピリミカーブ, WP テブフェノジド, FL
5月10日頃	—	複合交信攪乱剤 （以後全期間有効）	複合交信攪乱剤 （以後全期間有効）
落花2週間後 （5月20日頃）	硫酸ニコチン, L	—	ナミテントウ放飼
落花30日後 （6月5日頃）	フルフェノクスロン, EC （酸化フェンブタスズ, WP）	—	—
6月15日頃	アセタミプリド, WS	アセタミプリド, WS （酸化フェンブタスズ, WP）	ケナガカブリダニ放飼
6月25日頃	CYAP, WP	—	—
7月5日頃	ダイアジノン, WP	CYAP, WP	CYAP, WP （酸化フェンブタスズ, WP）
7月15日頃	硫酸ニコチン, L	—	—
7月25日頃	フルフェノクスロン, EC （クロルフェナピル, FL）	フルフェノクスロン, EC （テブフェンピラド, WP）	アセタミプリド, WS （フルフェノクスロン, EC）
8月5日頃	DMTP, WP	—	（BPPS, WP）
8月25日頃	硫酸ニコチン, L （ミルベメクチン, EC）	DMTP, WP （ミルベメクチン, EC）	—
9月5日頃	チオジカルブ, FL	—	DMTP, WP
9月15日頃	ダイアジノン, WP	—	—

L：液剤，EC：乳剤，FL：フロアブル，WP：水和剤，WS：水溶剤．（ ）内の薬剤は，優占種や発生密度によってはこれに変更されることを示す．

トラデセニルアセテート剤・ピーチフルア，商品名コンフューザーAが用いられる．このフェロモン製剤が封入されたポリエチレンチューブをヘクタール当たり約2,000本樹の枝にかけておくと，約4か月有効である．

交信攪乱の効果を，合成フェロモンによる誘殺トラップ捕獲数でみると，無処

理園で数十から数百匹が誘殺される時期においても，処理区ではまったく誘殺されない．図 5.10 には，キンモンホソガ雌成虫の交尾率を処理区と無処理区で比較したが，交信攪乱の効果はかなり高いことが分かる．果実の被害に関しても，慣行防除の無処理区に比べて，防除を減らしたフェロモン処理区で被害果率はほとんど違わない（表 5.3）．

福島県果樹試験場の岡崎一博らは，複合交信攪乱剤を用いることによって，殺虫剤の使用回数を減らし，用いる殺虫剤を天敵類に影響の少ないものに変えることで，ハダニ類やアブラムシ類の天敵を保護し，これら害虫に対する防除も軽減する試みを行っている（表 5.4）．さらに今後の改善点として，ハダニ類の捕食性天敵ケナガカブリダニを，またアブラムシ類の天敵ナミテントウ *Harmonia axyridis* の放飼を行う試みもなされている．

表 5.4 に示した普及体系（IPM）の防除の効果は良好で，十分実用的であることが 100 ヘクタール規模の農家のリンゴ園で実証されている．ハダニ類の天敵の保護の効果も現れており（図 5.11），慣行防除で殺ダニ剤が 3 回散布されたのに対し，IPM では殺ダニ剤無散布でもハダニの被害は生じなかった．ただ，ハダニ類の発生量は園によって大きく異なること，ケナガカブリダニなど天敵類の発生も，園の周辺環境の違いの影響を受けるため，場合によっては天敵放飼など

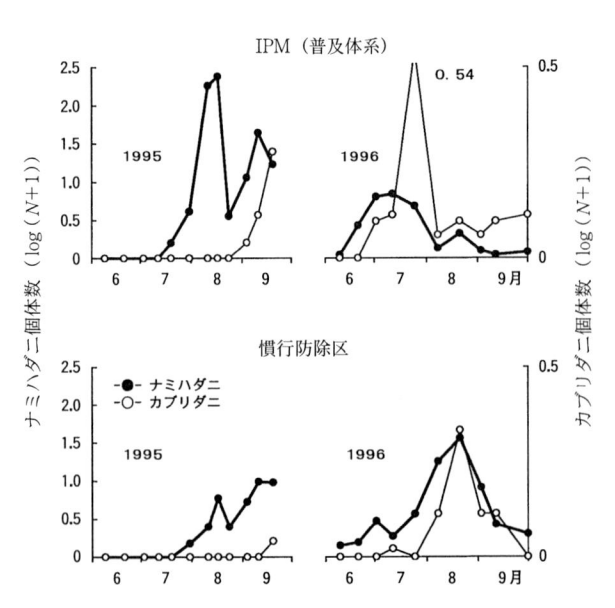

図 5.11 複合交信攪乱剤を用い，殺虫剤散布を削減した IPM リンゴ園と慣行防除リンゴ園でのナミハダニとカブリダニ類の 10 葉当り個体数の比較（岡崎一博原図）
IPM 区の 2 年目には初期からカブリダニ類の密度が高く，その結果，ナミハダニの発生が抑制されていることが分かる．なお個体数は対数値で示されていることに注意せよ．

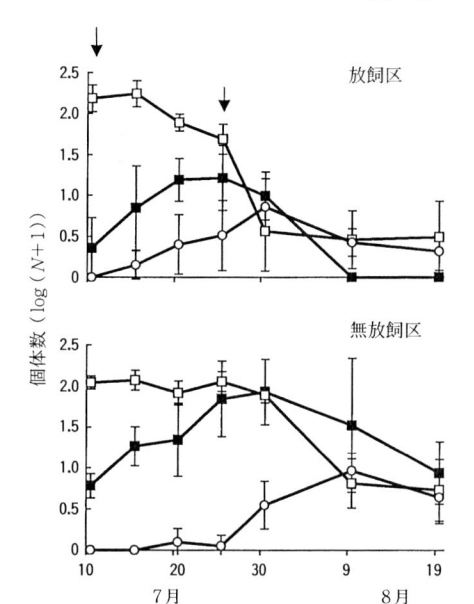

図 5.12 リンゴ園にケナガカブリダニを放飼したときのリンゴハダニ，ナミハダニ，ケナガカブリダニの個体数の変化（福島県果樹試験場，1997；岡崎，1998 より引用）

矢印はカブリダニの放飼日，7月10日と25日に1樹当り20匹および30匹を主幹部にそれぞれ放飼した．10葉当りの個体数の平均値と95％信頼区間が示されている．個体数は対数値であることに注意せよ．

を行う必要もでてくる．図 5.12 には，ケナガカブリダニの放飼の効果を示した．図には個体数が対数値で示されていることを考慮すると，放飼によるハダニ類密度制御効果はかなりみられる．このように，選択的殺虫剤の削減散布と補助的な天敵放飼によってハダニ類の防除が大幅に改善される可能性を示している．同様の試みは長野県果樹試験場などのリンゴで，また鳥取県園芸試験場などがナシで行っており（この場合コンフューザーPを用いる），それぞれ実用化できることを示している．オーストラリアのリンゴ園でも，最重要害虫コドリンガ *Cydia pomonella* に交信攪乱剤を用いることで非選択的殺虫剤を削減し，天敵を保護することによってリンゴワタムシ *Eriosomal lanigerum* やハダニ類の密度が抑制されることが示されている．

5.4 雑　草

a．総合的管理の必要性

前述のように，特に害虫の分野では総合的管理が重視され，研究も数多くなされてきた．これは，おもに薬剤に抵抗性の系統が出現し，散布量の増加によって殺虫剤の残留毒性や環境汚染が問題化したことによる．雑草の分野でも，防除手段の体系化が試みられている．この体系化は，他の圃場管理作業をも合理的に組

み込んで防除を広範囲に長期にわたって行おうとするものであり，これによって作業コストも低くなり，環境汚染も抑えられるなどの効果が期待されるわけである．

b. 総合的管理の試み

2種類の昆虫の導入が水生雑草の生物的防除に有効であった例を示す（表5.5）．この後に，水生雑草はノミハムシの一種と2,4-Dの組み合わせで完全に防除されたという．このような生物防除の効果は，ひとたび有効な天敵導入に成功すると永続するもので，生産性の低い土地でも収益は大きく加算されるようになる．

わが国における野菜栽培は，通常栽培期間が短く，土寄せ，土壌消毒，プラスチックマルチフィルムの利用やロータリー耕による雑草の土壌中への埋め込みなど手の込んだ作業を行っている．この場合に輪作をすると，発生する雑草の種類

表5.5 ノミハムシとクチバガの一種の導入による水生雑草(Alligatorweed)の防除*
(Simmonds, 1967)

項目＼年度	1969	1970	1971	1972	1973	1974	1975
労　賃（概算）	2,803	2,880	3,174	1,777	918	459	200
除　草　剤	3,380	3,273	3,180	2,250	625	530	360
防除機具借用料	1,311	1,479	1,479	504	168	84	50
合　　計	7,494	7,632	7,833	4,531	1,711	1,073	610

＊ 1972年に導入，数字はアメリカのドル．

表5.6 3年間実施された異なる作付体系・栽培管理の内容とその採取土壌からの雑草発生（ポット当り発生本数）*

区	1	2	3	4	区	1	2	3	4
作付および作業回数					雑草発生本数				
作　付（作物の種類）	7（7種類の野菜）	7（4種類の野菜）	7（4種類の野菜）	7（6種類の普通作物）	メヒシバ	0.3	0.3	0	6.0
土　壌　消　毒	2	3	6	0	スベリヒユ	2.3	0.3	0	2.0
堆　肥　施　用	3	3	3	0	カヤツリグサ	0	0.3	0	4.8
ロ　ー　タ　リ　ー　耕	7	3	3	0	コニシキソウ	0	0	0.3	1.0
除　草　剤	1+α**	6	7	5	ザクロソウ	0.3	0.5	0.3	0.8
ポリエチレンマルチフィルム	2	3	0	3	ニワホコリ	3.5	2.0	0	1.3
トンネル	1	3	4	0	ウリクサ	4.0	1.0	0.3	1.5
					その他	2.3	3.9	1.9	1.9
					合　　計	12.8	8.3	2.8	19.3

注）　＊：内山らの資料(1979)より抜すい，作成(竹内，1990参照)．
　　＊＊：+α……マルチ畦間のパラコート処理．

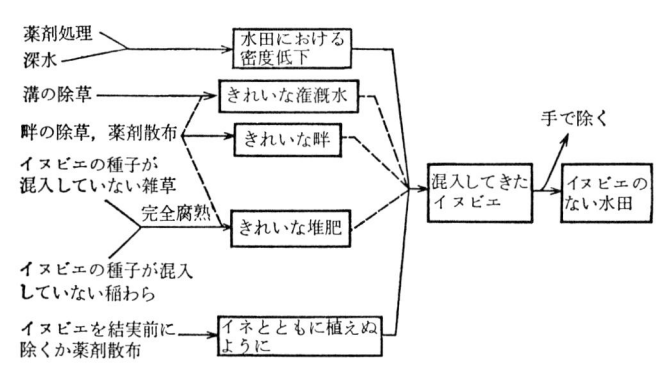

図 5.13 わが国の水田におけるイヌビエの総合的管理（野田，1977）

や量が減少した（表 5.6）．

　一方，水田における総合的管理の例としては，除草剤の組み合わせと機械除草の導入が主体をなしていた．しかし，イヌビエ *Echinocholoa crus-galli* の水田への侵入経路が解明され，生態的特性が明らかにされるにつれて，新しい総合的管理法が提出されるようになってきた（図 5.13）．これはイヌビエのあらゆる発生源をあらかじめ抑え，それでも水田に侵入してくる場合にはこれを手で除く，という理想的な方法である．

　このようにして，被害を軽減あるいは抑制できる見通しが立つと，最近では新しい栽培法をつぎつぎにとり入れていく傾向があるが，ここで大切なことは植物の栽培環境に調和を求め，安定した経営を志向することである．栽培法が変わると，耕地の雑草生態系が変わり，必要な雑草管理法にも大きな影響を与えることになる．ここでもし過剰の薬剤散布をすると，さらに雑草の発生様式は攪乱を受け，防除費を高めることになる．同一除草剤を連用すると，植物に薬害を生じてこれが異常気象と重なれば，植物への悪影響はさらに増大する．

　また，高性能の除草機械の開発・普及は省力防除をもたらし，経営の合理化につながる．したがって，今後は化学防除だけでなく，機械的ならびに生態的防除，その他の防除法を考慮した総合的管理への発展が期待される．そのためには，雑草の許容限界や生物学的特徴を把握する必要がある．これからの雑草管理は，環境に対して安全で，経済的でかつ安定した生産あるいは生産力の増大に結びつくものでなければならないし，経営計画の中に完全に組み込まれている必要がある．

5.5 病害虫・雑草の総合的管理

カリフォルニア大学デービス校の農学研究者のグループは，加工用トマトとトウモロコシの栽培を目的とした4年輪作畑における有機栽培，エネルギー低投入型栽培を8年間継続して行い，慣行栽培との比較で，病害虫，雑草の発生と被害，収益と防除コストを総合的に分析した．この研究はクリントン大統領の提唱文書で示されている．「2000年までに全米の75%の農作物栽培を総合的管理で行う」政策目標が実行可能かどうかを検証するために行われた．

有機栽培，エネルギー低投入栽培（以後低投入区という）の2つが総合的管理のモデルで，それに慣行栽培を比較においた．それらの輪作体系を図5.14に示した．このような輪作圃場が年次をずらして，それぞれの栽培でいくつも設定されている．有機栽培区，低投入区では，雑草対策として被覆植物によるマルチがなされている．雑草が生えた場合，トマトでは鍬除草を行う．トウモロコシの低投入区では，少量の除草剤が用いられた．施肥は有機栽培区では厩肥を，低投入区ではマメ科植物の被覆が入るので化学肥料を慣行の1/2に減量した．有機栽培区のトマトでは，微生物殺虫剤（Bt剤），石鹸殺虫剤，イオウ剤を用い，合成農薬は用いていない（表5.7）．低投入区では合成殺虫剤を慣行栽培区の1/4に，殺菌剤を1/2に減らした．トウモロコシの有機栽培区では農薬散布はまったく行わなかった．低投入区でも除草剤を慣行栽培区の1/3投入したのみで，他の農薬は散布していない．

このようにして栽培されたトマトとトウモロコシについて，主要な病害虫，線

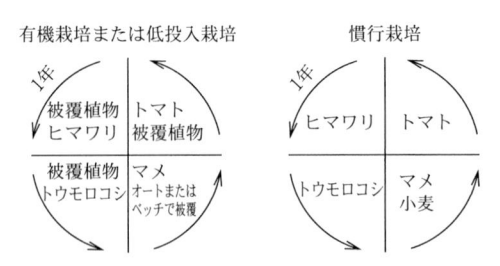

図 5.14 病害虫，雑草総合的管理試験で行われた4年輪作体系（Clark ら，1998 から作図）
有機栽培では雑草対策として被覆植物を用い，肥料は動物の糞尿堆肥を用いた．エネルギー低投入栽培は被覆植物と化学肥料を慣行栽培より減らして用いた．

5.5 病害虫, 雑草の総合的管理

表 5.7 異なる農法の畑地で用いられた農薬の有効成分量 (kg/ha) とそれらによる環境負荷値(Clark ら, 1998 から作表)

作物	農薬等	有機栽培	低投入栽培	慣行栽培
トマト	合成殺虫剤	0	1.12	4.48
	微生物殺虫剤	0.03	0.03	0
	石けん剤	0.78	0	0
	硫黄剤	20.16	20.16	20.16
	除草剤	0	0	12.75
	合成殺菌剤	0	2.52	5.17
	計	20.97	23.83	42.56
	環境負荷値[1]	932.94	1,120.09	1,894.71
トウモロコシ	合成殺虫剤	0	0	4.09
	除草剤	0	5.60	16.91
	計	0	5.60	21.00
	環境負荷値[1]	0	275.13	618.88

[1] 環境負荷値はさまざまな毒性や天敵, 野生生物への影響など 11 項目について, 農薬ごとに指数化した値 (environmental impact quotient, EIQ)

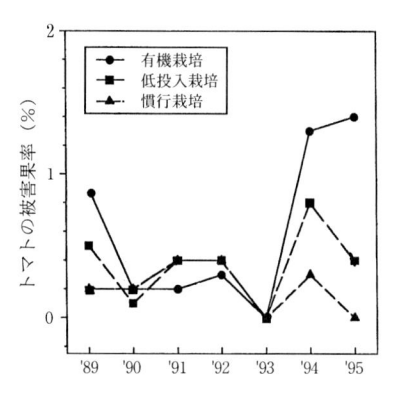

図 5.15 異なる農法の畑地間における果実加害性害虫のトマト果実被害率 (収穫時) の年次変動の比較
(Clark ら, 1998 から作図)
農法間の有意差はみられなかった.

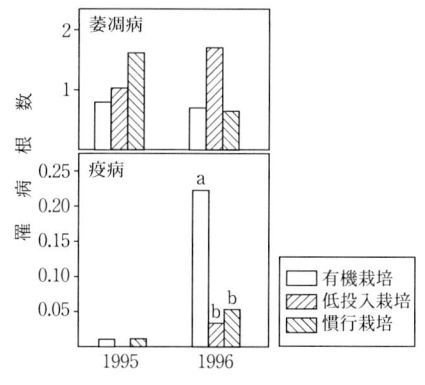

図 5.16 異なる農法の畑地間におけるトマト病害の罹病根数の比較
(Clark ら, 1998 から作図)
異なるアルファベットは農法間で有意差があることを示す ($p<0.05$).

虫, 雑草の発生量の調査が綿密になされた. その結果, トマトのアブラムシ類, シロイチモジヨトウ, タバコガの近縁種 *Heliothis zea* の発生量は年次的に大きく変動したが, 3つの栽培区間では有意差はなかった (図 5.15). トウモロコシでもアブラムシ類, ハダニ類, *H. zea* で処理区間に差はなかった. トマトのサビダニ類はすべての区に発生し, 硫黄剤の散布が必要であった. 1992 年にはト

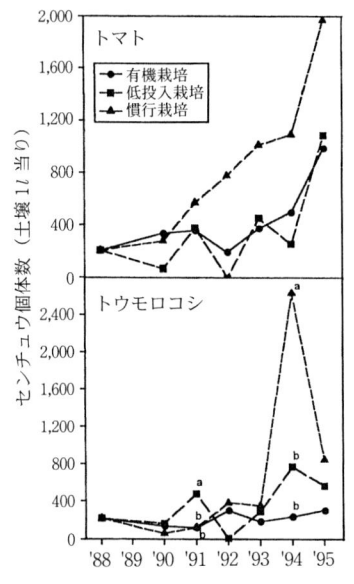

図 5.17 異なる農法の畑地間におけるネグサレセンチュウ類の個体数の年次変動の比較
(Clark ら, 1998 から作図)
異なるアルファベットは農法間で有意差があることを示す ($p<0.05$).

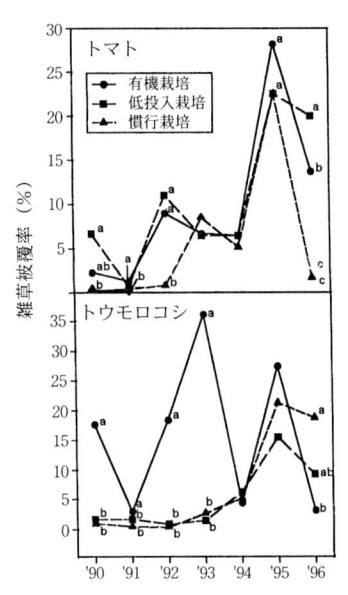

図 5.18 異なる農法の畑地間における雑草被覆率（7月）の年次変動の比較
(Clark ら, 1998 から作図)
異なるアルファベットは農法間で有意義であることを示す ($p<0.05$).

ウモロコシにタネバエ類が発生し，有機栽培区と低投入区の播種量の1/4が被害を受けた．病害の発生についても栽培区間に有意な差はほとんどみられなかった（図5.16）．線虫類はいずれの区においても年次の経過と共に発生量が累積的に多くなる傾向がみられ，その傾向は慣行栽培でより顕著であった（図5.17）．いくらかの年で，トウモロコシのネグサレセンチュウ類で栽培区間に有為な差がみられた．結果として，病害虫の発生の違いが収量に及ぼす影響は無視できる程度であった．

しかしながら雑草の発生量は栽培区間で大きく異なり（図5.18），その被害は有意に異なった．被覆植物でマルチした有機栽培区と低投入区では，除草剤で防除した慣行栽培区より，多くの場合発生量が有意に大きく，年次が進むほど発生量が多くなる傾向があった．そのためトマトでは鍬除草のコストが大きくなり，防除コスト全体を押し上げる結果となった．

この研究は作物栽培体系の異なる農法間で，病害虫，雑草の発生と被害全体を

包括合的に調べ，農生態系管理の多面的な比較を長期間行ったという点で特筆すべきものである．ただこのような農生態系管理の違いが，天敵相に及ぼす影響について調べられていないのが残念である．

「名言」より

In practical matters the end is not mere speculative knowledge of what is to be done, but rather the doing of it.
　　　　　　　　　　　　　　　—Aristotle Fourth Century B. C.
　　　　　　　　(Baker, K. F. & Cook, R. J.: Biological Control of Plant
　　　　　　　　　　Pathogens, W. H. Freeman and Company, 1974 より)

下農は草をつくり，中農は稲をつくり，上農は土をつくる．
　　　　　　　　　　　　　されど上上農は人をつくる．　　　（古　老）
　　　　　　　　（星克美編：村のことわざ事典，続・村のことわざ事典，
　　　　　　　　　　　　　　　　　　　　　富民協会，1975，1979 より）

研 究 問 題

5.1　発生予察事業はどのようになされているか．あなたの地域の農業試験場をたずねて調べてみよう．

5.2　農協や農業改良普及所からその地区のおもな作物あるいは植物の防除暦をとり寄せ，殺菌剤，殺虫剤，除草剤別に防除時期と防除回数を整理してみよ．また，農家での聞き取り調査によって防除暦がどの程度実行されているかを調べ，防除暦方式による防除の問題点について考えよ．

5.3　各種の方法を組み合わせた雑草の防除計画を立て，実施してみよう．

付表　主要植物の病害虫と主要雑草の被害・対策一覧
（3, 5章で詳説したものは除外した）

主要植物	病害虫	被害と対策
イ　ネ	紋枯病	小判形，淡褐色，周囲が濃い褐色の線をもつ病斑が水ぎわの葉鞘から上がってくる．下葉から枯れる．病勢が激しいと，葉，穂も侵されて倒伏し減収．伝染源の除去，多肥密植を避け，幼穂形成期と穂ばらみ期に薬剤散布．ほかの病害虫との同時防除も可能．晩生種，穂重型，晩植がよい．
	ニカメイガ（ニカメイチュウ）	年2世代（高知などでは部分的に3世代）発生．幼虫で越冬，幼虫は茎内に潜り加害．第1世代幼虫の加害は葉鞘変色や心枯れ，第2世代幼虫は心枯れ被害．各世代幼虫食入期に薬剤散布．
	コブノメイガ	多化性．国内越冬は未確認，毎年海外から飛来するらしい．幼虫は葉を縦に巻き巣をつくる．巣内から食害し，その部分は白く透ける．発生量の年次変動は大きく，予察は困難．若齢幼虫期に薬剤散布で防げるが，防除適期を正確に知ることは現在のところ困難．性フェロモン利用による予察法の普及が望まれる．
	イネクビボソハムシ（イネドロオイムシ）	年1世代発生し成虫で越冬．東北・北陸地方などで多発．幼虫は排泄物で体をおおっている．移植後に越冬成虫が飛来し産卵．孵化した幼虫の被害が大．葉脈に沿いかすり状に食害，幼虫期に薬剤散布．
	イネミズゾウムシ	1976年，愛知県で発見された侵入害虫で北米原産．北海道から沖縄まで分布を拡大．雌成虫のみが単為生殖で増殖し，年1世代（部分的に2世代）発生．成虫は葉，幼虫は根を食害．晩植による被害回避か，育苗箱または本田初期に薬剤散布．
	カメムシ類	穂を加害し斑点米の原因となり米質を低下．ホソハリカメムシ，ミナミアオカメムシ，クモヘリカメムシなどがおり，地域的に種類相が異なる．乳熟期の発生量が要防除密度を越えたとき薬剤散布．類似の被害にイネシンガレセンチュウの黒点米，アザミウマ類による黒点症状米がある．
トマト	モザイク病	CMVによる場合の新葉でモザイクを生じる．株はわい化，叢生状，着花不良．花弁は小型，花弁やがくにモザイクを生じる．減収，幼苗期にかかると被害は大．アブラムシ類の飛来防止．定植時期とアブラムシ類飛来最盛期が一致しないようにする．発病株の除去・焼却，植えいたみを少なくする．地力ある畑で栽培，除草，ほかにTMVによるモザイク病がある．
	青枯病	夏季に青枯れ症状を呈する．特に暖地で被害が大．激発すると急速に全株が枯れ，収穫皆無となる．発病株は抜取り焼却，床土の更新，消毒励行，輪作，接木栽培を行う．線虫密度が高いときには線虫を防除する．苗に傷をつけない．発病期に中耕などは避ける．
	疫病	葉，果実に多発，低温時には茎に発生．緑果が侵されやすく，収穫皆無のことがある．発病前から薬剤を予防的に散布．初発株の早期発見に努め，集中的な薬剤散布．初発病葉は焼却，窒素肥料の過用を避け，マルチにより病原菌のはね返りを防ぐ．ジャガイモの跡地，周辺では栽培しない．
	灰色かび病	多犯性，有機物上でも腐生的に繁殖．低温・多湿で果実，花弁，葉に多発．茎，葉柄にも発生，特に施設栽培で12～5月に多発．密植を避け，低温・多湿にならぬよう夜間は保温，日中は換気に努める．マルチ栽培を行い，灌水量を少なくする．罹病した果実，葉，茎は早期に除去したうえで薬剤を予防的に散布．

主要植物	病害虫	被害と対策
トマト	オンシツコナジラミ	1974年，広島で発見された侵入害虫，その後全国に広がる．施設栽培のナス，キュウリなどにも多発．多化性で幼虫，成虫とも茎葉，果実を加害．排泄物にはすす病が発生し，商品価値が低下．施設内への侵入を防ぐとともに薬剤を散布．有効な寄生蜂エンカルシアコバチによる生物的防除技術が普及している．
キュウリ	斑点細菌病	本葉，茎，果実に発生．成熟果には果皮の内側にも褐色病斑を生じ，褐変は時に維管束に沿って種子の部分にまで及び，続いて腐敗を起こす．春秋の比較的低温期に多い．連作を避ける．薬剤散布により病原細菌の葉，果実への侵入を防ぐ．ウリバエなどが媒介するので，防除する．
	つる割病	発病跡地への連作は避ける．それでも連作する場合には，土壌消毒をする．接木栽培は最も確実な手段であるが，白根の出た苗は感染・発病するので，定植時に除く．種子伝染もするので注意．
	ワタアブラムシ	ウリ類のほかにナスなどにも発生．多化性で，成・幼虫が集合して発生し，葉，蕾，花などを吸汁加害するとともに CMV などを媒介，薬剤の繰り返し散布．コレマンアブラバチなど天敵放飼．
	ナミハダニ	ウリ類のほかにナス，イチゴ，マメ類やブドウ，ナシなどの果樹にも発生．多化性で幼・成虫が葉を吸汁加害して変色，落葉させる．施設内への侵入を極力防止．発生時には殺ダニ剤散布．チリカブリダニの放飼．
	ネコブセンチュウ類	サツマイモ，ジャワ，キタ，アレナリアの各ネコブセンチュウがある．キュウリのほかにトマト，ニンジン，インゲンマメ，ハクサイなども加害．移植前に殺線虫剤を土壌に施用．線虫が加害しない作物と輪作し土壌中の密度を下げる．
ハクサイ	軟腐病	発病株の商品価値はなくなり，壊滅的な被害を受ける．数多くの多汁野菜を侵す．イネ科・マメ科作物を植え菌密度を減らす．耐病性品種を栽培．晩播．排水をよくし高畦栽培．本葉5,6葉期から薬剤散布．キスジノミハムシ，コオロギ類などを防除し，病原菌の傷口侵入を未然に防ぐ．雨天の収穫は避ける．病株は処分．
	カブラヤガ	タマナヤガとともにネキリムシという．多化性で全国に分布．アブラナ科に限らずマメ科，ナス科など広汎の作物の発芽または定植直後の幼苗を地際から切り倒して食害．栽培前土壌に殺虫剤を播溝処理するか，発生時に毒餌剤散布．
	コナガ	アブラナ科作物を広く加害，多化性で全国に分布．幼虫が葉肉部を食害し，表皮のみ残されて白く透けた状態になる．葉菜類としての商品価値が低下．多発すると生育に大きな影響が出る．殺虫剤に抵抗性を発達させやすく防除は困難．BT剤が使える．
	アブラムシ類	モモアカアブラムシ，ニセダイコンアブラムシ，ダイコンアブラムシが加害．多化性で広く分布．幼・成虫とも茎葉を吸汁加害．同時にモザイク病などを媒介．排泄物によるすす病の被害もある．薬剤を繰り返し散布．
	モンシロチョウ	幼虫はアオムシという．多化性で全国に分布．幼虫は葉を食害．発生時には薬剤散布．BT剤も有効．最近北海道などに近縁のオオモンシロチョウが侵入した．
ミカン	かいよう病	果実の外観を損じて商品価値を失い，大きな被害を出す．葉に発病すると落葉し，樹勢が衰える．ウンシュウミカンの対米輸出の最大検疫対象病害．対策としては，防風処置が最重要（しかし，他病害との関連で通風も必要）．伝染源（罹病茎葉）除去．ハモグリガの防除．薬剤散布は，病原細菌の飛散が始まり，これが旧葉に感染する3月中，下旬から実施．生物防除の試みもある．

主要植物	病 害 虫	被 害 と 対 策
ミカン	黒 点 病	古い木ほど被害大．葉，果実，枝を侵す．葉，枝の黒点は実用上問題ないが，果実に果点状，涙斑状，時に泥塊状の病斑が出て商品価値を低下．メモン，グレープフルーツは感受性．枯れ枝切りは薬剤防除と同様胞子形成抑制のため不可欠の作業．切った枝は土に埋めるか，園外へ持ち出す．薬剤散布は果実に激しく感染しはじめる6月上・中旬ごろから実施．
	ナシマルカイガラムシ	温暖地域に生息しナシの害虫でもある（別名，サンホーゼカイガラムシ）．年3世代で幼虫越冬．葉や枝のほか，特に果実に加害すると斑点状になり品質が低下．冬期にマシン油，第1世代幼虫期を中心に殺虫剤散布．
	ミカンコナジラミ	カンキツ栽培地帯全域に分布．年3世代発生し，若葉を吸汁加害するとともに排泄物ですす病を発生．冬期にマシン油，第1世代若齢幼虫期に殺虫剤散布．ミカンを加害するもう1種のコナジラミ，ミカントゲコナジラミは導入天敵シルベストリーコバチで生物防除がなされている．
	ミカンクロアブラムシ	カンキツ栽培地帯全域に分布．多化性で集合をつくって増殖．若葉を加害し，変形・硬化させたり，枝の伸長を止める．すす病も発生させる．殺虫剤散布．この種のほかに約10種のアブラムシ類がミカンを加害．
	果実吸蛾類	アケビコノハ，アカエグリバ，ヒメエグリバなどヤガ類を中心とした鱗翅目成虫が果実を吸汁加害する．吸汁部から斑点状に腐敗し商品価値を低下．黄色蛍光灯を園内に点灯．
リンゴ	斑点落葉病	インド，デリシャス類，国光の葉，果実，枝に発生．暖地ほど被害が大きく異常落葉する．早期落葉により花芽の着生は少なくなり，果実の肥大を阻害，生産低下となる．果実上の病斑は商品価値を低下．伝染源（被害落葉，病斑のある新梢，徒長枝）は集めて埋没か焼却，落花後10日頃より薬剤散布もする．耐性菌の出現に注意．
	黒 星 病	おもに葉，果実，時には新梢に発生．発病が激しい葉では黄化し，病斑部が脱落して穴があき，早期落葉する．花芽形成を妨げ，樹勢弱る．果実の被害が最も大きく，病斑は古くなると組織がコルク化し，黒褐色でザラザラしたものになる．罹病果は奇形になる．発病初期の集中的薬剤散布が肝要．耐性菌の出現に注意．子のう殻形成阻止のため，落葉に対する薬剤散布，焼却・埋没を行う．
	モニリア病	古くはリンゴの作柄を支配した．天候や防除の程度により大発生の危険性がある．春先から6月上旬まで発生．北海道，東北地方北部の積雪地帯で被害大．葉，花，実，株のくされを起こす．被害果は地表に落ちてミイラ状になる．園地を清掃し乾燥させる．子実体の生育状況とリンゴの芽の進み方をみて，第1回目の薬剤散布を決めることが大切．以後，予防効果の高い薬剤を発病前から定期的に散布．病原菌の生態が複雑なので，大きな集団で総合的防除を行う．
	クワコナカイガラムシ	リンゴのほかナシやブドウの害虫．栽培地帯全域に分布．年2,3世代発生．果実を加害するとすす病を発生させ，商品価値を低下．第2世代幼虫期を中心に薬剤散布．似た害虫にフジコナカイガラムシがある．
	キンモンホソガ	栽培地帯全域に分布．多化性．若齢幼虫は葉に潜り葉肉部を食害．老齢幼虫は表皮を糸でつむいでドーム状にし，柵状組織を食害．落葉させて木や果実の生長を抑制．第1世代幼虫期を中心に薬剤散布．フェロモンによる交信撹乱剤が有効．

主要植物	病害虫	被害と対策
リンゴ	ゴマダラカミキリ	全国に分布．リンゴ以外にミカン，ナシなどの害虫．成虫は樹皮を噛み傷をつけて産卵．幼虫は形成層や材部を食害，折損または枯死させる．薬剤を産卵期の主幹部に塗布．地際から30～40 cmの高さの幹部に新聞紙を巻きつけると産卵が防げる．糸状菌ボーベリア剤が普及している．
	リンゴハダニ	栽培地帯全域に発生．卵越冬する多化性のハダニ．幼・成虫が葉を食害し，かすり状になり，やがて白化．冬季にマシン油，増殖期に殺ダニ剤を散布．リンゴにはナミハダニも発生．
キク	白さび病	最初，葉の裏面に白色の隆起した斑点を生じ，次第に大きく，いぼ状になる．葉の表面はやや凹んで淡黄色となる．激発時には，無数の病斑が一面にでき，葉は十分な発育ができなくなる．抵抗性品種を栽培する．多くの殺菌剤はあるが，連用すると効力が低下するので，生育初期には保護剤を中心に，その後は治療剤を用いるというふうに，各種の薬剤を組み合わせて使う．
	センチュウ類	キタネグサレセンチュウ，キクネグサレセンチュウなどが加害する．地上部の生育不良，しおれ，黄化，根の褐変などの被害を生じる．30～60日で1世代を経過し，寄主となる作物を連作すると，土壌中の密度が高まる．植え付け前に土壌消毒を行う．
	アザミウマ類	ヒラズハナアザミウマなど数種のアザミウマが葉や花弁を吸汁加害．加害された葉は白点を生じかすり状になり，花弁には褐色のしみ状の被害を生じ，商品価値を低下．有機リン系殺虫剤などの散布で防除できる．
チャ	炭疽病	一年中発生し，茶園一面が赤褐色に見えるほどの惨状を呈することもある．最も重要な薬剤散布は，8月下旬以降に伸びてくる秋芽に対してである．三番茶芽を摘採しない茶園では，7月中旬～8月上旬の薬剤散布が最も大切．地方によっては，本病より赤葉枯病の発生が多いが，同じように防除が可能．
	チャノキイロアザミウマ	栽培地帯全域に分布．多化性で増殖率が高い．カキ，ミカン，ブドウなども加害．若葉や芽の芯を加害し生長を抑える．薬剤散布．
	チャノミドリヒメヨコバイ	栽培地帯全域に分布．多化性で幼・成虫とも若葉や芽の芯を加害し，生長を抑制して収量減．緑茶では被害茶葉で味が悪くなるが，紅茶では逆に香りが良くなる．薬剤散布．
	チャノコカクモンハマキ	栽培地帯全域に分布．近縁で形態的に似ているリンゴコカクモンハマキは，リンゴやナシの害虫．多化性で幼虫は葉を巻いたり，つづったりして加害．チャ以外に数多くの植物を加害．薬剤散布のほか，フェロモンによる防除が実用化されている．
日本芝	葉腐病	ラージパッチといわれ，春と秋に発生．被害部は直径1～7 mの円形（パッチと呼ぶ）を示すことが多く，融合して不整形の10 mにも及ぶパッチを生じる．その縁の茎葉は赤褐色になり，茎は抜けやすくなって裸地化するが，梅雨期には通常回復．秋，春の発生の直前に全面的に薬剤散布．
	コガネムシ類	ヒメコガネ，マメコガネ，ドウガネブイブイなどが，芝生に産卵し，幼虫が根を加害する．幼虫密度が高くなるとパッチ状に芝が枯れ，グリーンの美観を損う．成虫は周辺の広葉樹の葉を摂食する．土壌の湿度条件などで発生する種類が異なる．殺虫剤散布のほかに，フェロモン剤による誘殺防除が実用化されている．

主要植物	病害虫	被害と対策
日本芝	シバツトガ	シバツトガ，スジキリヨトウ，タマナヤガなどの幼虫が茎葉を食害する．多発生すると広い面積にわたって全面被害を及ぼす．発生期間も5〜4月と長い．殺虫剤以外にシバツトガ，スジキリヨトウのフェロモン成分を含む複合交信攪乱剤や昆虫成長制御剤（IGF）も実用化されている．

	要素障害	被害と対策
普通作物 イネ	マンガン 過剰障害	作土100g中の易還元性マンガン30mg以上を含む水田では，分げつ期の根は伸長を停止・肥大，分枝根を生じ有刺鉄線状になり，根腐れを起こす．養水分の吸収が弱まり，分げつが遅れ，初期生育が悪化．基本対策は，酸性土壌では石灰質肥料を施して土壌pHを高め，還元状態の場合には土壌を乾燥させて酸化状態に保ち，マンガンを不溶化する．過灌水により過剰養分を流亡させる．過剰部分の除去．客土により根域を変える．天地返しにより養分濃度を薄めるなど．
花卉 ヒマワリ	カリウム欠乏症	葉は外側に巻き，下葉の葉脈間が淡緑化し，不整形の褐色斑を生ずる．カリ肥料を施す．
緑化用樹 キョウチクトウ	窒素欠乏症	最も普通に緑化用樹で見られる欠乏症．下葉から黄化，次第に上葉へと進む．先端葉まで黄化することは，ほとんどない．欠乏が進むと，黄化葉の割合が増える．欠乏葉は落葉しやすい．窒素肥料を施す．

	雑草	被害と対策
水田雑草	アオミドロ	浮遊雑草．機械移植が増えて田植え時期が早まり，低温で水温も低く，アオミドロが発生しやすい．苗が小さく，本雑草により押倒しや地温・水温の低下による被害が大．根本的には水田の水温を高める栽培管理が必要．発生しはじめたら早目に薬剤散布．また強度の虫干しを行う．
	ヨシ	多年生．水質浄化作用をもつことについてはよく知られているが，雑草としては休耕田など3年以上の不耕起により発生．飽水〜湿潤下で繁茂．養分に対する適応幅は極めて広い．ヨシが侵入し始めたら，地上部を刈り取って年に2回ほど深耕し，排水をよくする．畦畔などでは，移行性茎葉処理剤を使う．ヨシが優占する休耕田の復耕には，出芽初期に茎葉処理剤を散布し，地上部が枯れてから耕起する．また，地上部を刈り払うか火入れをしたときには，耕起を2，3回繰り返して株や地下茎を切る．代かきは浅水で2，3回，ていねいに行う．
	アゼナ	一年生．生育後期には，根際から茎が枝分れして株になり，叢生状になる．発生量が多くなるとイネの生育に悪い影響がでるので，初期剤または中期剤で防除する．
	イヌホタルイ	多年生．水稲の作期，栽培法を問わずに問題化．初期剤に重点をおき防除するが，発生期間が長いので，中期剤を組み合わせて防除効果をあげる．
畑・樹園地雑草	メヒシバ	一年生．畦畔，畑，桑園，果樹園に発生．休閑地で多発．初期生育の遅い作物を栽培した畑，利用年限が長い荒れた草地に多い．休閑時に深耕，発生前に土壌処理剤を散布し発生を抑える．生育中のものには選択性除草剤を使うか，手取りをする．後期のものには，除草をし種子が畑に落ちないようにする．畦畔，農道は除草をし種子が畑に混入しないようにする．

雑　　草	被　害　と　対　策
スズメノカタビラ	一年生．畑，芝生，樹園地，荒地などで多発．とくに，肥沃な沖積土壌の野菜畑，転換畑で繁茂．中耕，培土，土入れなどにより深く埋め込む．播種，植付け前は土壌に残留しない茎葉処理剤，播種後は土壌処理剤で防除．グリーンでは，刈込まれても開花結実するので実害大．春秋期に発芽するので，発芽前薬剤散布をする．しかし，ベントグリーンでは，薬害の恐れがあるので，使用できない除草剤が多い．薬剤抵抗性が見つかっているので注意．スズメノカタビラ用微生物除草剤が登録されている．
シ　ロ　ザ	一年生．全国的に発生．とくに，北海道の夏作の重要強害草．土壌処理剤，茎葉処理剤で防除．麦畑に残存する場合には，ホルモン系除草剤を使う．シロザの種子の寿命は長いので，残存するものは結実前に刈り取る．
チ　ガ　ヤ	多年生．畦畔に多い．根絶が困難で，見つけ次第防除に努める．地上部の刈取りを反復して草を弱めたり，浅耕，抜取りを行って根を拾い上げる．地上部のみを枯殺する薬剤は，散布後すぐに作付け可能．残効性の長い除草剤は，作物への薬害に注意．
ス　ギ　ナ	多年生．畦畔，開墾地，桑園，果樹園，麦畑などの酸性土壌に多い．地下茎が残らぬよう取り除く．移行型除草剤で栄養茎と地下茎を枯死させるか，除草剤を反復散布し，茎葉の繁茂を抑えて防除．
ギ　シ　ギ　シ	多年生．田畑の畦，永年牧草の草地，果樹園—特に落葉果樹の未成園で草生栽培を行った場合に多い．茎立ちの頃に刈取り，根も掘り上げて取り除く．接触型やホルモン型の除草剤，それらの混合剤で防除．牧草の種子中に混入して伝播される例が多い．

参 考 図 書

I．全般にわたるもの
 1) 本間保男ほか編：植物保護の事典，朝倉書店，1997．
 2) 小林享夫ほか：新編樹病学概論，養賢堂，1996．
 3) 久能　均ほか：新編植物病理学概論，養賢堂，1998．
 4) 松本義明ほか：応用昆虫学入門，川島書店，1995．
 5) 三浦宏一郎：菌類の採集と観察，講談社，1981．
 6) 中筋房夫ほか：害虫防除，朝倉書店，1997．
 7) 中筋房夫ほか：応用昆虫学の基礎，朝倉書店，2000．
 8) 日本植物病理学会編：植物病理学事典，養賢堂，1995．
 9) 日本水産学会編：のりの病気，恒星社厚生閣，1973．
10) 植物防疫講座第3版編集委員会編：植物防疫講座，病害編，害虫編，雑草・農薬・行政編，日本植物防疫協会，1997．
11) 都丸敬一ほか：新植物病理学，朝倉書店，1992．

II．農業，植物の被害と保護
 1) ファイトテクノロジー研究会編：ファイトテクノロジー——植物生産工学—，朝倉書店，1994．
 2) 藤原俊六郎ほか：土壌診断の方法と活用，農文協，1996．
 3) 不破敬一郎編：地球環境ハンドブック，朝倉書店，1994．
 4) 本間　慎ほか監修：これでわかる農薬キーワード事典，合同出版，1995．
 5) 堀　正侃・石倉秀次：日本の植物防疫，日本植物防疫協会，1969．
 6) 岩波講座：地球環境学，1，6，7，8，岩波書店，1998．
 7) 増原義剛編：図でみる環境基本法，中央法規出版，1994．
 8) 日本農業年鑑刊行会編：日本農業年鑑1998版，家の光協会，1998．
 9) 日本緑化工学会編：緑化技術用語事典，山海堂，1990．
10) 日本施設園芸協会編：三訂施設園芸ハンドブック，園芸情報センター，1994．
11) 日本植物病理学会：日本植物病理学史，日本植物病理学会，1980．
12) 西尾敏彦：農業技術を創った人たち，家の光協会，1998．
13) 農水省農業環境技術研究所編：農環研シリーズ　地球環境と農林業，養賢堂，1991．
14) 沼田　真編：景相生態学．ランドスケープ・エコロジー入門，朝倉書店，1996．
15) 沼田　真編：自然保護ハンドブック，朝倉書店，1998．
16) 岡本大二郎：虫獣除けの原風景，日本植物防疫協会，1992．
17) 奥田重俊・佐々木　寧編：河川環境と水辺植物—植生の保全と管理—，ソフトサイエンス社，1996．
18) Rice, E. L. 著（八巻敏雄ほか訳）：アレロパシー，学会出版センター，1991．
19) 清水　武：原色要素障害診断事典，農文協，1990．
20) 植物防疫事業三十周年記念会編：植物防疫三十年のあゆみ，日本植物防疫協会，1980．
21) 杉　二郎・矢吹萬壽：新版・生物環境調節ハンドブック，養賢堂，1995．
22) 高辻正基編：植物工場ハンドブック，東海大学出版会，1997．

23) 樽谷修一編：地球環境学，朝倉書店，1995.
24) 地球環境データブック編集委員会編：ひと目でわかる地球環境データブック，オーム社，1993.
25) 「土の世界」編集グループ編：土の世界―大地からのメッセージ―，朝倉書店，1990.
26) 吉野正敏・山下脩二編：都市環境学事典，朝倉書店，1998.

III. 病原，害虫と雑草の生物学
1. 病原
1) 古澤　巌ほか：植物ウイルスの分子生物学―分子分類の世界―，学会出版センター，1996.
2) 後藤正夫：植物細菌病学概論，養賢堂，1990.
3) 池上八郎ほか：新編植物病原菌類解説，養賢堂，1996.
4) 小林享夫ほか：植物病原菌類図説，全国農村教育協会，1992.
5) 大木　理：植物ウイルス同定のテクニックとデザイン，日本植物防疫協会，1997.
6) 土崎常男ほか編：原色作物ウイルス病事典，全国農村教育協会，1993.
7) 與良　清ほか編：植物ウイルス事典，朝倉書店，1983.

2. 昆虫・ダニ・線虫
1) 江原昭三・真梶徳純：植ダニ学，全国農村教育協会，1996.
2) 石井象二郎：昆虫生理学，培風館，1982.
3) 草野忠治ほか：応用動物学，朝倉書店，1981.
4) 松香光夫ほか：昆虫の生物学，玉川大学出版部，1984.
5) 西澤　務：土壌線虫の話，タキイ種苗，1994.
6) 小原嘉明編：昆虫生物学，朝倉書店，1995.
7) 斎藤哲夫ほか：新応用昆虫学，朝倉書店，1986.
8) 高遠晃雄：ハダニの生物学，シュプリンガー，1998.
9) 横尾多美男：植物のセンチュウ防除の基礎，植物のセンチュウ防除の実際，誠文堂新光社，1971，1972.

3. 雑草
1) 伊藤操子：雑草学総論，養賢堂，1993.
2) 笠原安夫：日本雑草図説，養賢堂，1974.
3) 大井次三郎：日本植物誌，顕花編，シダ編，至文堂，1975.

IV. 植物の被害の種類と対策*
1. 病害虫・線虫害
1) 伊藤一雄：樹病学大系 I，II，III，農林出版，1971，1972，1973.
2) 岸　国平編：日本植物病害大事典，全国農村教育協会，1998.
3) 是永龍二ほか編：果樹の病害虫 I，II，III，日本植物防疫協会，1992，1994，1995.
4) 松尾卓見ほか編：作物のフザリウム病，全国農村教育協会，1980.
5) 日本応用動物昆虫学会編集：農林有害動物・昆虫名鑑，日本植物防疫協会，1987.
6) 大串龍一：柑橘害虫の生態学，農山漁村文化協会，1969.
7) 岡本大二郎・大畑貫一：改訂イネの病害虫，農山漁村文化協会，1981.
8) 新版土壌病害の手引編集委員会編：新版土壌病害の手引，日本植物防疫協会，1984.
9) 渡辺文吉郎：土壌病害―発生・生態と防除―，全国農村教育協会，1987.
10) 梅谷献二ほか編：農作物のアザミウマ，全国農村教育協会，1988.
11) 渡辺文吉郎：土壌病害―発生・生態と防除―，全国農村教育協会，1987.

2. 雑草害
1) 草薙得一編著：原色雑草の診断，農山漁村文化協会，1986.
2) 草薙得一ほか編：雑草管理ハンドブック，朝倉書店，1994.
3) 農林水産技術会議事務局：研究成果91，1976.
4) 沼田　真編：雑草の科学，研成社，1979.
* 多くの県などで出版されている病害虫雑草図鑑類（書名はさまざま）が大変役にたつ．各県などの農業試験場に問合わせると分かる．

3. 鳥獣害
1) 中村和男編：鳥獣害とその対策，日本植物防疫協会，1996.
2) 土肥昭夫ほか：哺乳類の生態学，東京大学出版会，1997.
3) 鷲谷いづみ・矢原徹一：保全生態学入門，文一総合出版，1996.

4. 気象災害・環境汚染
1) 朝倉　正ほか：新版気象ハンドブック，朝倉書店，1995.
2) 荒木　峻ほか編：環境科学辞典，東京化学同人，1985.
3) 金澤　純：農薬の環境科学，合同出版，1992.
4) 講談社出版研究所編：環境科学大事典，講談社，1980.
5) 松澤　勲：自然災害科学事典，築地書館，1988.
6) 農林省農林水産技術会議事務局監修：大気汚染による農作物被害症状の標本図譜，1976.
7) 新編農業気象ハンドブック編集委員会編：新編農業気象ハンドブック，養賢堂，1977.
8) 高井康雄ほか編：植物栄養土壌肥料大事典，養賢堂，1984.
9) 東京天文台編：理科年表，丸善，毎年1冊.
10) 友野理平：公害用語事典（第2版），オーム社，1981.
11) 和達清夫監修：最新気象の事典，東京堂出版，1993.

V. 新しい植物保護技術
1) 福原敏彦：昆虫病理学，学会出版センター，1979.
2) 池上正人ほか：バイオテクノロジー概論，朝倉書店，1995.
3) 川井一之ほか：バイオテクノロジーと農業技術，養賢堂，1985.
4) 川瀬茂実：ウイルスと昆虫，南江堂，1976.
5) 駒田　旦ほか編：病害防除の新戦略，全国農村教育協会，1992.
6) 小山重郎：よみがえれ黄金の島—ミカンコミバエ根絶の記録，筑摩書房，1984.
7) 宮本純之編：新しい農薬の科学—食と環境の安全をめざして—，廣川書店，1993.
8) 中村和雄・玉木佳男：性フェロモンと害虫防除，古今書院，1983.
9) 日本農薬学会編：農薬とは何か，日本植物防疫協会，1996.
10) 農林水産省農蚕園芸局植物防疫課監修：農薬要覧，日本植物防疫協会，毎年1冊.
11) 沖縄県農林部編：沖縄県ミバエ根絶記念誌，1994.
12) 高橋信孝ほか：農薬の科学，文永堂，1981.
13) 玉木佳男：虫たちと不思議な匂いの世界，日本植物防疫協会，1995.
14) 上杉康彦：作物の病気を防ぐくすりの話，日本植物防疫協会，1995.
15) 梅谷献二・加藤　肇編：農業有用微生物—その利用と展望—，養賢堂，1990.
16) 山田康之監修：環境問題と植物バイオテクノロジー，秀潤社，1994.
17) 湯嶋　健：昆虫のフェロモン（UPバイオロジー），東京大学出版会，1976.
18) 湯嶋　健ほか：生態系と農薬，岩波書店，2001.
19) 渡辺　格監修/ディ・エヌ・エー研究所編：バイオテクノロジー用語小事典，講談社，1990.

VI. 病害虫と雑草のシステム管理
1) 深谷昌次・桐谷圭治編：総合防除，講談社，1973.
2) 桐谷圭治・中筋房夫：害虫とたたかう（NHKブックス），日本放送協会，1977.
3) 駒田 旦ほか：農研センター研報4号，農水省農業研究センター，1985.
4) 中筋房夫：総合的害虫管理学，養賢堂，1997.
5) 根本 久：天敵利用と害虫管理，農山漁村文化協会，1995.
6) 農林水産省技術会議事務局：研究成果91，1976.
7) 農林水産省技術会議事務局編：新しい技術15, 19, 20集，1977〜1983.

VII. 雑誌類
1) 農業および園芸，養賢堂，年12冊.
2) 植物防疫，日本植物防疫協会，年12冊.
3) 雑草研究，日本雑草学会，年4冊.

索　引

ア　行

赤腐病（アサクサノリ）red rot　73
アセスメント（事前評価）assessment　133
アブラナ科野菜根こぶ病 clubroot　66
アメダス（AMeDAS）Automated Meteorological Data Aquisition System　140
雨よけ栽培　110
アラタ体 corpus allatum　35, 36
アレロケミックス（アレロパシー物質）81, 82
アレロパシー（他感作用）81, 82

硫黄酸化物　100, 101
意志決定表 decision table　137, 138
異種寄生菌 heteroecious parasite　29
異常気象 unusual weather　94, 98
遺伝的防除法 genetic control　119
イネいもち病 blast　64, 65, 66
イノシシ　88, 89, 91, 92, 93

ウイルス virus　21
ウイロイド viroid　21

永続伝搬 persistent transmission　29
疫学 epidemiology　19
エクジソン ecdysone　36
エゾヤチネズミ *Clethrionomys rufocanus*　92
エレクトロポレーション法　130

オキシダント　102
オゾン（O_3）　102
温湿度制御　110

カ　行

外因性内分泌かく乱化学物質（環境ホルモン）11, 105
害虫防除（忌避法）110
核多角体ウイルス nuclear-polyhedrosis virus　116
カブトエビ類 *Triops* spp.　117
カラス　87, 89, 90, 91
顆粒病ウイルス granulosis virus　116
カルガモ *Anas poecilorhyncha*　88
環境汚染物質排出・移動登録法　105
環境ホルモン（外因性内分泌かく乱化学物質）11, 105
冠水 overhead flooding　97
乾生雑草 mesophytic weed　44
桿線虫 Rhabditida　59

キジバト *Streptopelia orientalis*　87, 90
寄生菌（昆虫，ダニの）112
寄生蜂　113, 114, 115
拮抗微生物 antagonistic microorganisms　112
機動細胞珪酸体（プラント・オパール）（イネ）2
忌避法（害虫）110
急性毒性 acute toxicity　120
休眠（ダニ）diapause　57, 58
休眠（雑草）dormancy　48
共進化 coevolution　43
許容1日摂取量（ADI）acceptable daily intake　105, 124
菌界 Fungi　24, 25, 26

クサブエ（抵抗性品種）66
クマネズミ *Rattus rattus*　92
クローニング　130
クロミスタ界 Chromista　23, 24
群集 community　41, 42
群落雑草 weed community　53, 54

経済的被害許容水準（EIL）economic injury level　133, 134, 136, 137
形質転換植物（トランスジェニック植物）130
系統（バイオタイプ）（害虫個体群の）biotype　108, 111
鯨油　5
経卵伝染 transovarial transmission（passage）30
原原種農場　28
原生動物界 Protozoa　23

公害対策基本法　13, 99
公害対策　104
公害防止条例　99
公害 public hazards, environmental pollutions　99
光化学スモッグ　100, 101

交叉耐性 cross tolerance 123
交叉抵抗性 cross resistance 123
交信攪乱剤 77, 79, 128
交信攪乱法 disruption 126, 127, 128
口針型伝搬 stylet-borne transmission 29, 30, 108
耕地雑草 45, 46, 47
コガタルリハムシ Gastrophysa atrocyanea 117
個体群 41, 42
個体診断 plant diagnosis 31
個体素因 predisposition 20
混合型冷害(並行型冷害) 98
根頭がんしゅ病菌 Agrobacterium tumefaciens 69, 70, 130

サ 行

再生力(雑草) regeneration 52
細胞質多角体ウイルス cytoplasmic-polyhedrosis virus 116
さく葉ポケット 26
雑草害の発現機序 54, 55, 56
雑草害の発生要因 81, 82
雑草・雑木防除(林地の) 82, 83
雑草防除法(非農耕地の) 82, 83
殺鼠剤 rodenticide 92, 93
サボテンガ Cactoblastis cactorum 117
サヤヌカグサ 28
作用機構(除草剤) 122
作用点(殺菌剤) 121
作用点(殺虫剤) 121

GLP(Good Laboratory Practice)制度 10
紫外線除去フィルム 109
視覚信号 41
C_3, C_4 タイプ(雑草) 45
システム分析 systems analysis 137, 138
湿生雑草 hygrophytic weed 44, 49
子嚢殻時代 24
子嚢菌門 Ascomycota 24, 25
死亡率 mortality 41, 42
弱毒ウイルス 111
主因 essential cause 19, 109, 141
獣害 91, 92, 93, 94
樹園雑草 46, 47
宿主交代 alternation of hosts 29
種子生産量(雑草) seed production 51
種族素因 disposition 19, 106
寿命(雑草種子) 51, 52
障害型冷害 98
消化管(昆虫) 35

条件的寄生菌 facultative parasite 30
常発性害虫 permanent pest 74
食品衛生法 7
食品汚染 food contamination 102
植物検疫 plant quarantine 28, 138
植物食(鳥類) 90, 91
植物防疫法 plant protection law 7, 138
食料・農業・農村基本法 12
除草剤抵抗性因子の作物への導入 131
人工種子 129
真正抵抗性品種(イネ) true resistance variety 65
侵入と増殖(病原体) invasion and multiplication 30
新病害 70

水害 flooding damage 97, 98
水生雑草防除 83
水生雑草 hydrophytic weed 44, 49
水田裏作雑草 45, 46
水田雑草 45, 46
スズメ Passer montanus 87, 89, 90
スタイナーネマ剤 116
Streptomyces 属 22
スピロプラズマ spiroplasma 22
スミスネズミ Eothenomys smithi 92
ずりこみ 65

生育(雑草) 50
生活史戦略 life history strategy 39, 40
生活史(昆虫の) life history 38
生殖器官(成虫) 35
生息場所(成虫の) habitat 39, 40
生態的誘導多発性 125, 128
生物起源農薬 122, 123
生物の濃縮 biological concentration 125
生物的防除(雑草の) biological control 83, 116, 117, 148
生物的防除(害虫) biological control 43, 59, 112, 113, 114, 115, 116
生物的防除(ダニ) biological control 58, 59
生物的防除(線虫) biological control 87
生命表 life table 42
生理的誘導多発生 125
世代数 38
接合菌門 Zygomycota 24
接種的放飼 inoculative release 113, 114, 115
絶対寄生菌 obligate parasite 30
前胸腺 prothoracic gland 35, 36
潜在感染 latent infection 31

索　引

潜在性害虫　latent pest　74
潜在性病害虫の顕在化　133
線虫(害)　nematode　84, 85, 86
線虫の加害作物　84
潜伏期間　incubation period　31, 66
千粒重(種子)　50, 51

素因　disposition, predisposition　19
総合的管理(イヌビエ)　149
総合的管理(いもち病)　141
総合的管理(土壌病害)　143
増殖率(昆虫)　reproduction rate　41, 42
増殖(ダニ)　reproduction　58
走性(昆虫)　taxis　41
組織・細胞培養技術　129
組織培養法　129

タ　行

第一次伝染源　primary infection source　27, 28, 29
大気汚染物質(大気汚染質)　99, 100, 101
大気汚染　air pollution　99, 100, 101, 102
耐久体　27
対抗植物　87
耐性菌　resistance　9, 123, 124, 133
台風　typhoon　95, 96
耐容1日摂取量(TDI)　tolerable daily intake　105
太陽熱利用　109
大量放飼(法)　inundtive release　113, 115
大量誘殺法　mass trapping　126, 127
多系品種(イネ)　multiline　65
多系品種(マルチライン)の利用(栽培)　107
多様度　diversity　43
単為生殖　parthenogenesis　39
担子菌門　Basidiomycota　25, 26
短翅成虫　74, 75
短日植物　45

遅延型冷害　98
中間宿主　intermediate host　29, 66
中性植物　45
聴覚信号　41
長日植物　45
貯穀害虫　74, 79
貯蔵食品害虫　stored product pest　74, 79
チリカブリダニ　Phytoseiiulus persimilis　58, 59

接木による回避(害虫)　107
ツボカビ門　Chytriomycota　24

抗抵性害虫　resistance　9, 109, 123, 124, 133
抵抗性雑草　123, 124
抵抗性品種(線虫)　resistant variety　87
抵抗性(ダニ)　resistance　56
低濃度汚染害　100, 101
適正着果(水準)　77, 78
伝染源　infection source　27, 28, 29
天敵放飼併用効果　147
天敵保護効果　128, 147
伝播(雑草)　dissemination　53
伝播(病原体)dissemination　29, 30

銅鉱毒事件　102
登熟・寿命(雑草)　50, 51, 52
毒水(硫酸酸性湧水)　102
土壌汚染　soil pollution　102, 103
土壌生息菌　28
土壌伝染性ウイルス　28
土壌病害　66, 72
突発性害虫　temporary pest　74
ドナー(供与体)　130
ドバト　Columba livia　87, 89, 90
トビイロウンカ　Nilaparvata lugens　74, 75, 108
ドブネズミ　Rattus norvegicus　92
トランスジェニック植物　130
Trichoderma 製剤(T. viride)　112

ナ　行

内部形態(幼虫)　35
ナシ赤星病　rust　67, 68, 69
ナシヒメシンクイ　Grapholita molesta　78, 79
ナミハダニ　Tetranychus urticae　56, 57, 58, 59
難防除病害　66, 68

二酸化窒素(NO_2)　100, 101
ニホンイノシシ　Sus scrofa　92
日本シバ葉腐病(ラージパッチ)　Rhizoctonia rot (patch)　70, 71
ニュウナイスズメ　Passer rutilans　87
2,4-D剤　7

ネグサレセンチュウ類　59, 60, 61, 84, 86
ネコブカビ門　Plasmodiophoromycota　23
ネコブセンチュウ類　59, 60, 61, 84, 85, 86
ネズミ　91, 92
粘菌門　Myxomycota　23

農業気象災害　agricultural climatic damage　94, 95
農薬安全使用総合推進事業　11

農薬管理指導士制度　10
農薬取締法　7
ノネズミ　89, 91

ハ 行

媒介昆虫　29
葉いもち　64, 65, 66
ハスモンヨトウ Spodoptera litura　76, 77
パソタイプ(線虫)　86
畑地雑草　45, 46, 47
ハダニ類　56, 57, 58, 59
発育ステージ(昆虫)　36, 37, 38
発育零点(昆虫) development zero　36, 38
発育(ダニ) development　57
発育(線虫) developmert　61
白きょう病菌 Beaureria bassiana　116
発生(雑草)・　48, 49, 50
発生監視(モニタリング)　138
発生状況(獣害)　91, 92
発生状況(鳥類)　87, 89, 90
発生深度(雑草)　49
発生予察(害虫) forecasting　42, 77, 79
発生予察(葉いもち)　140
発病 appearance of symptom　31
パーティクルデリバリー法　130
ハト　87, 89, 90
バラ根頭がんしゅ病 crown gall　69, 70, 130
半永続伝搬 semi-persistent transmission　30
半澤 洵　6

PRTR(環境汚染物質排出・移動登録)法　105
非永続伝搬 non-persistent transmission　29
PAN　102
被害許容密度(昆虫) pest density　135
被害防止(鳥害)　90, 91
被害防止(獣害)　93, 94
非耕地雑草　46, 47
PCP剤　7
BT剤　116, 150
BT毒素生産遺伝子の組み込み　130, 131, 132
ビャクシン　28
病害虫発生予察事業 forecasting　6, 138
病害防除(温湿度制御)　110
氷核活性(INA)細菌　112
病原型(pathovar, pv.)　22

ファイトプラズマ phytoplasma　21, 22
VA菌根菌(VAM)　112
風害 wind damage　96, 97
風水害 damage by wind and flood　97

フェロモントラップ　77, 79, 80, 126
フェロモン pheromone　41, 125, 126, 127, 128
フェーン風 Föhn wind　97
不可視障害(低濃度汚染害)(植物)　100, 101
不完全菌類 Deuteromycetes　26, 27
複合交信攪乱剤　144, 145, 146, 147
腐生菌 saprophyte　30
負相関交叉抵抗　124
付着器 appressorium (-a)　30
不妊虫放飼法 sterile insect technique　117, 118, 119
ブプロフェジン剤　75
浮遊粒子状物質(SPM)　100, 101
BLASTAM(葉いもちの発生予察)　140
BLASTL(葉いもちの発病・病勢進展予測)　140, 141
プラント・オパール　2
プロトプラスト protoplast　129
分生子時代(ウドンコキン科)　24

並行型冷害(混合型冷害)　98
ベクター(媒介者, 細胞融合時の) vector　129
ベルマン法　62

放飼増強法　113
防除暦　138
保菌者 carrier　31
圃場診断 field diagnosis　31
圃場抵抗性品種(イネ)　65
捕食性天敵 predator　77
捕食虫　112, 114
ホップわい化病 stunt　71, 72

マ 行

マツノザイセンチュウ Bursaphelenchus xylophilus　60, 62, 85
マルチ　109
マルチラインの利用(栽培)　107
慢性毒性 chronic toxicity　120

ミカンキイロアザミウマ Frankliniella occidentalis　75, 76
ミカンツボミタマバエ Contarinia okadai　76, 78
ミカンハダニ Panonychus citri　56, 57, 58

虫送り　5

モニタリング　138

モモシンクイガ Carposina niponensis　78, 79

門診　31

ヤ　行

やませ　98, 99

誘因　occasional cause　19, 109, 141
有害動物化　94, 98
有効積算温度(温量)　effective accumulative temperature　36, 37, 38
誘導多発生　128, 144

養液栽培　110
幼若ホルモン　36
要防除域　78
要防除密度(水準)　control threshold, CT　136, 137

ラ　行

ライトトラップ　80

ラウンケア　Raunkiaer の生活型　44, 45
落葉果樹の重要害虫　80
ラージパッチ　71
卵菌門　Oomycota　23, 24

リケッチア様微生物(RLO)　rickettsia-like organism　22
罹病化(抵抗性イネ品種)　66
リモートセンシング技術　remote sensing　141, 142, 143
硫酸酸性湧水　100
輪作作物(線虫)　86

冷害　cool summer damage　18, 94, 98, 99
レシピエント(受容体)　130
レース判別(ネコブセンチュウ)　85, 86

著者略歴

一谷多喜郎（いちたに たきお）

- 1933年　滋賀県に生まれる
- 1958年　大阪府立大学大学院農学研究科修了
　　　　大阪府立大学農学部教授を経て
- 現　在　(財)関西グリーン研究所第1研究室長・農学博士

中筋房夫（なかすじ ふさお）

- 1942年　兵庫県に生まれる
- 1965年　九州大学農学部卒業
- 現　在　岡山大学農学部教授
　　　　農学博士

新農学シリーズ

植 物 保 護

定価はカバーに表示

2000年4月1日　初版第1刷
2021年11月25日　　　　第11刷

著　者	一　谷　多喜郎	
	中　筋　房　夫	
発行者	朝　倉　誠　造	
発行所	株式会社　朝倉書店	

東京都新宿区新小川町6-29
郵便番号　　　162-8707
電　話　03(3260)0141
FAX　03(3260)0180
https://www.asakura.co.jp

〈検印省略〉

© 2000 〈無断複写・転載を禁ず〉

中央印刷・渡辺製本

ISBN 978-4-254-40510-1　C3361　　Printed in Japan

JCOPY <出版者著作権管理機構 委託出版物>

本書の無断複写は著作権法上での例外を除き禁じられています．複写される場合は，そのつど事前に，出版者著作権管理機構（電話 03-5244-5088, FAX 03-5244-5089, e-mail: info@jcopy.or.jp）の許諾を得てください．

好評の事典・辞典・ハンドブック

火山の事典（第2版）	下鶴大輔ほか 編	B5判 592頁
津波の事典	首藤伸夫ほか 編	A5判 368頁
気象ハンドブック（第3版）	新田 尚ほか 編	B5判 1032頁
恐竜イラスト百科事典	小畠郁生 監訳	A4判 260頁
古生物学事典（第2版）	日本古生物学会 編	B5判 584頁
地理情報技術ハンドブック	高阪宏行 著	A5判 512頁
地理情報科学事典	地理情報システム学会 編	A5判 548頁
微生物の事典	渡邉 信ほか 編	B5判 752頁
植物の百科事典	石井龍一ほか 編	B5判 560頁
生物の事典	石原勝敏ほか 編	B5判 560頁
環境緑化の事典	日本緑化工学会 編	B5判 496頁
環境化学の事典	指宿堯嗣ほか 編	A5判 468頁
野生動物保護の事典	野生生物保護学会 編	B5判 792頁
昆虫学大事典	三橋 淳 編	B5判 1220頁
植物栄養・肥料の事典	植物栄養・肥料の事典編集委員会 編	A5判 720頁
農芸化学の事典	鈴木昭憲ほか 編	B5判 904頁
木の大百科［解説編］・［写真編］	平井信二 著	B5判 1208頁
果実の事典	杉浦 明ほか 編	A5判 636頁
きのこハンドブック	衣川堅二郎ほか 編	A5判 472頁
森林の百科	鈴木和夫ほか 編	A5判 756頁
水産大百科事典	水産総合研究センター 編	B5判 808頁

価格・概要等は小社ホームページをご覧ください．